デザインは間違う

デザイン方法論の実践知

松下大輔

学術選書 110

京都大学学術出版会

KYOTO UNIVERSITY PRESS

口絵1●サボア邸（ル・コルビュジェ、1931年）　**施主と訴訟―間違い**
出典：Omar Omar at Wikipedia

20世紀の住宅の最高傑作の一つとされる。ピロティ、屋上庭園、自由な平面、独立骨組みによる水平連続窓、自由な立面（新しい建築の5つの要点）が調和して盛り込まれている。竣工後すぐに雨漏りや暖房の不備が問題となり、施主夫妻は何度も改修工事を求めたが、コルビュジェは頑としてはねつけたという。

口絵 2 ●ファンズワース邸（ミース・ファン・デル・ローエ、1951 年）
施主と訴訟─間違い
出典：Victor Grigas at English Wikipedia, File:Farnsworth House by Mies Van Der Rohe - exterior-8.jpg

「Less is more.」「神は細部に宿る」といったミースの神髄が表現された週末住宅。床と屋根は外周の 8 本のＨ鋼柱の側面に溶接されているため浮かんでいるように見える。全面ガラス張りの内部には柱のない一体空間（ユニバーサル・スペース）が広がる。国際様式（インターナショナル・スタイル）を象徴する建築。工業製品の使用を謳いながらも高級な注文住宅以上に建築費がかかり大幅な予算超過となった。竣工時、収納も洗濯室もなく、窓は 1 か所しか開かず夏は熱がこもったという。恋仲にあったともいわれる施主のイーディス・ファンズワースはミースに対して訴訟を起こすが敗訴し、建築費を全額支払った後、売却してしまう。ファンズワース邸の公式名称は 2021 年からイーディス（Edith）に敬意を表して The Edith Farnsworth House となった。

口絵 3 ●フリードリヒ街オフィスビル、北側からの外観（ミース・ファン・デル・ローエ、1921 年、ドローイング）
設計競技失格—間違い

出典：https://www.moma.org/collection/works/82759

ベルリンの駅前ビルとして設計。「各階違ったプランとすること」などの設計条件を意図的に無視していたため審査の対象とならなかった。シュルツの『評伝ミース・ファン・デル・ローエ』（澤村明訳、鹿島出版会、2006 年、p.99）によると、「仮にこのコンペで一等になったところで、国家経済を考えると建てるのは不可能とよく分かっていたミースは建築の現実的作品としてより、宣言としたのである」。

口絵 4 ●鉄とガラスのスカイスクレーパー（ミース・ファン・デル・ローエ、紛失された模型、1922 年）
実現せず—間違い

出典：https://www.moma.org/collection/works/82759

フリードリヒ街オフィスビル（口絵 3）とほぼ同時期に提案された高層建築案。この時期のミースは設計競技の勝敗や実現性よりも高層建築の輝かしい可能性を見いだし、新たなデザインの創出に傾倒していたのかもしれない。

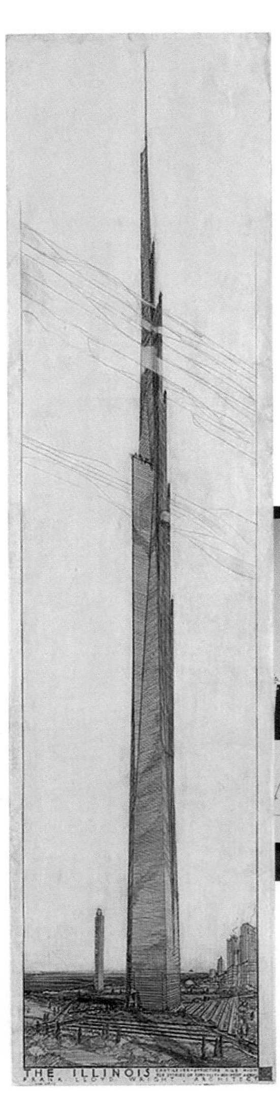

口絵5●マイルハイ・イリノイ（フランク・ロイド・ライト、デッサン、1956年）
実現せず―間違い

© Frank Lloyd Wright Foundation
出典：https://franklloydwright.org/curators-reflection-frank-lloyd-wright-150-unpacking-archive/

（左）現在世界で最も高いとされるドバイの「ブルジュ・ハリファ」（第6章図6-1、高さ828メートル、地上163階建）も、このマイルハイ・イリノイ（高さ1マイル＝1600メートル、地上528階建）には遠くおよばない。（下）1956年10月16日にシカゴで開催された記者会見でのフランク・ロイド・ライト（左から3人目）。

なおご存じのように、これらの「間違い」はいずれも優れた間違いとして高く評価されている。

目 次

Part II ひどい問題と向き合う
デザイン方法論の戦略

PART 3　過程を見つめる
デザイン方法論が拡げるもの

序　章
実践と研究の相克のために

だれもが感心する新たなデザインを見たとき、

「この優れた案をだれかがいつか探し当てるのは当然だろうが、なぜ今までだれも思いつかなかったのか？」

あるいは、

「引力の法則や微分積分の理論は、ニュートンでなくてもいずれだれかが発見しただろうが、なぜ彼以前のだれひとりとして発見できなかったのか？」

このように考えたことはないだろうか。未知の優れたデザインや科学法則はだれもが追い求める謎である。けれども既知となった後からかえりみると、それらは謎というにはあまりに簡明で、発見は偶然というよりむしろ必然で、場合によるとだれもが発見者となる僥倖に恵まれたのではとさえ感じられる。時の流れをさかのぼり、いまでは当然となった数々の発見や発明を昔の人に伝えられるなら……。映画の題材としては興味深いがわれわれが探求すべきは虚構の物語ではなく、未知のデザインや法則にいかにしてたどり着くかという現実的な方法論である。ひとたび明かされた謎には容易に手が届くが、未知の謎への道のりは途方もなく遠い。これまで人は何とかして幾多の謎に光を当ててきた。この先も無数の謎がだれかに見いだされる日を待ちながら闇の奥に潜んでいるだろう。その深淵は暗いがどれほどの深みがあるのか、少し覗いてみたい。

デザイン方法論のありか

デザイン方法に関する言説は洋の東西を問わず、古代から現在まで、芸術家や実務者、研究者らによって連綿と唱えられてきた。いかにデザインすべきか？　良いデザインとは？　新たなデザイン方法とは？　というように、紀元前の建築論から昨今のデザイン思考まで、様々な事象がそれぞれの視点から論じられてきた。このことはデザインという概念が包摂する領域の広さとともに、デザインの魅力、複雑さ、豊かさ、価値などを物語るものである。ここでいうデザインとは意匠や造形にとどまらず、設計や計画、企画、構想まで含む広義のデザインである。

紙に図案を描いたり家具を配置したりする程度なら自由に楽しみながら試すことができる。けれども建物の設計や工業製品の考案となると、それなりの規模、量の人工物が、自然資源を原料として、エネルギーを消費し、廃棄物とともに生産され、長期にわたり存在し続けることにより、周辺環境や出資者、使用者などに様々な影響を与える。そのためデザインの良し悪しは深刻で決定的な問題となる。正しく的確なデザインは大きな価値を生み、当事者や社会に利益や良い影響をもたらす一方、そうでないデザインは損失や害悪をもたらし、人命を左右する場合さえある。デザインは創造的で魅力ある行為である一方、難解、厳密で、ときには重大な社会的責任を伴うものでもある。

優れたデザインを目指して太古から今日まで多くの探求が続けられている。偶然でなく必然的に、いつでもだれでも良いデザインに効率的にたどり着くにはどんな秘訣があるのかと、デザイン方法や方法論の追求も止むことがない。建築や芸術の分野だけでなく、製品開発や企業経営の場面でも議論されているように、いまやデザイン方法は革新の源泉としてあらゆる分野で主要な関心事となっている。

例えばいまわれわれの生活に欠かせない人工物であるスマートフォンは、アップル社の iPhone が先駆けとして知られる。2007 年に発表されて以来世界で 20 億台以上が販売され、その後 15 年足らずで株価は 45 倍を超えて上昇した。iPhone の成功の要因の一つはデザインにあるといわれる。卓越した技術や材料を独占的に有していたわけではない。既存の液晶画面やタッチパッドやカメラを組み合わせて iPhone という人工物、あるいは新たな電話の概念をデザインすることにより市場に熱狂的に受け入れられたのだ。当時の人々にとってスマートフォンは想像もおよばない未知の人工物であった。スマートフォンに対する既存のニーズがあったわけでも、アップル社に類似した製品があったわけでもない。だれも見たことも経験したこともないいわば白紙の未来に、新たな生活や社会までも創造的に、具体的に描き出す圧倒的なデザインが成功の核心にあった。この頃から「デザイン思考（Design Thinking）」という言葉がデザイン分野を超えてビジネス書の書棚まで賑わすようになった。デザイン思考に付随するキーワードに「イノベーション」がある。iPhone などの商業的成功を背景に、デザインによってイノベーションを起こす「デザイン・ドリブン・

イノベーション[1)]」という概念が経営者や政策決定者の間に広まった。

なぜこれほどまでにデザイン思考やイノベーションという言葉が社会に受け入れられ、求められるようになったのだろうか。一般的な解釈では、インターネットや情報通信機器の発展によるグローバル化の進展が要因の一つとされる。いまや世界の人、もの、情報は、高速、大規模、低費用で行き交うようになっている。既存の製品やサービスの改善程度では、すぐに競合に追いつかれ消耗戦を強いられる。まったく新たな製品やサービス、概念を生み出すことができれば安定的優位を占めることができる。一方で、専門家による技術志向のいわゆる玄人的な製品開発は製造業の基盤であるが、それにとらわれるあまり真に人々が待ち望んでいる革新的な商品への想像がおよばず、技術自体は高度に進展しても、いつの間にか市場から乖離してしまう場合もある。

スマートフォンのような商品、あるいは概念は、仮にスティーブ・ジョブズが発明しなくても、おそらく他のだれかがどこかの時点で似たものに到達したのではないだろうか。瞬く間に世界に広がったスマートフォンは一つの商品というよりも、ある種の普遍性を有する点で物理法則の発見や数学の定理の証明に近いかもしれない。われわれがいまでは引力の法則や微分積分の理論を当然と考えるように、偉大な発明や発見も後から振り返ればなぜ自分が思いつかなかったのかと思うほど必然性がある。これまで無数の歴史的発見や創造がなされてきた点で、そのような能力は人の固有の能力であるともいう。今後も無数の発見、創造が歴史に刻まれてゆくに違いない。未だ存在しない、人々や社会に大きな価値をもたらす人工物の創造や概念の発見はだれもが追い求める。しかしながらその機会に恵まれる幸運はだれにでも訪れるわけではない。

未知の、いわば無から有を導きだし、白紙の上に描き出す行為は、難解であると同時に大きな喜びや栄誉を伴う。絶えず変化し到底理解のおよばない壮大な自然に囲まれて生きるわれわれは、その背後にある法則の発見や、自然を素材とする人工物や構築環境の創造により、より良く生存し命をつなぐ方法を探求してきた。後から振り返れば必然に思えるデザインや科学法則でも、未知のそれらにだれでも確実にたどり着く方法論は当然ながらまだ解明されていない。解明されないがために探求も止むことはない。そのような未知のデザインや自然法則を「問題」に対する「答」と見るなら、それらの問題は定義不明確、条件不足で、幾通りもの答があったり、答が存在しなかったり、答があるのかどうかさえ分からない「ひどい問題（wicked problems）」である。学問の俎上に載りにくいこれらの「ひどい問題」に伝統的に、いやおうなく対峙してきたのは建築や都市計画、芸術などの実践的なデザイン分野であった。これらの分野では、不合理で、ひらめきや創造的飛躍がなければけっして解けない問いや要求への対応はむしろ当たり前のことだった。現代の複雑に絡み合う問題の解決や未踏のイノベーションの導出には、デザイン分野で探求されてきた方法論が本領を発揮する。

デザインと科学

A 案

批評 1 ：◯実現には課題もあるが、創造的で心を動かされる意欲作

批評 2 ：×斬新で興味深いが現実性に欠け、主張のエビデンスが不明確

B 案

批評 1 ：×合理的であるが挑戦や驚きが見られず、もの足りない印象

批評 2 ：◯現実的、良心的で、あらゆる前提条件に配慮したよく練られた案

例えば設計案の批評の場面で、このように評価が分かれるのは普通である。どちらの案が優れ、どちらの批評が正しいと決めるのは難しい。いずれの案にも一長一短があり、両者の言い分も的確である。批評 1 はデザイナー寄り、批評 2 はエンジニア寄りの意見といえるかもしれない。両者の議論が噛み合わずわだかまりが生じる場合もある。その原因は課題の条件や評価基準が不明確であることに帰するのかもしれない。けれどもいくら周到に評価基準を用意したからといって、重さを量るように作品の客観的な評価が可能になるわけでもない。提案者は、エビデンスがない、創造性がないといった批判には返す言葉もない。うなだれつつも何とか案の可能性について訴える。

一方、例えば工学系の研究発表はどうだろうか。公式に正しいと認められている事実や既往の研究成果に基づきながら注意深く論理を展開し、客観的な実験や分析の結果、ある知見が明らかに

なったと結論づける。そのような知見はいついかなる時も、今後も常に成立する人類共通の普遍的な知識で、したがってこの研究成果は重要であると確信的に断言される。しかし専門外から眺めると、学問領域の専門化によるためか、論理整合性を重視しすぎるためか、成果は正しいといってもほとんど自明で予見可能であるか、現実に役立つ可能性が見られず退屈に思われる場合もある。大学という教育研究の現場においてこのようなデザインと研究のすれ違いを目にする場面は少なくない。

デザインと自然科学は、ともに人がより良く生きるための知識や技術を扱い、大学で教育や研究の対象となる。例えば建築学科では、設計科目で建物のデザイン方法を学ぶとともに、構造力学や環境工学の科目で物理学や化学を学ぶ。前者では自由で創造的な発想を求められる一方で、後者では公理系に沿った厳密な論理展開を強いられる。そこでは異質な分野の間の横断が求められるが、成績評価や学位審査ではこれらは統一的な基準に基づいて評価される。当事者の学生だけでなく教員でさえ、創造性や新規性を評価するか、それとも厳密性や客観性を重視するか、評価の拠り所とする分野の切り替えに無自覚な場合もみられる。理数系の科目を得意とする学生が、設計課題の曖昧な前提条件や不明瞭な評価基準にてこずり伸び悩む一方、そのような科目が苦手な学生でも、デザインでは闊達に力を発揮することも多い。また、課題の条件を逸脱気味の作品が高く評価されたり、細部の論理的不整合を重大に指摘されたりする場面もある。デザインに興味を持って入学した学生が、このような経験に懲りてデザインに辟易してしまうのはもっとも避けるべきである。教育、研究の現場だけでなく、実践の現場でも、両者の混在に無自覚のまま対処されている場面が意外に多い。このような状況に対して抱く不思議さや違和感も本書の考察の契機となっている。

そもそも、デザインと自然科学は、ともに大学の講義で扱われるが、本来まったく性質が異なる事柄である。自然科学は「自然の成り立ち」つまり「自然の事物がどのように存在しているか」を解明するもので、その論理体系は普遍的で「A は B である」というように演繹的に展開する。これに対してデザインは「人工の事物がどのように存在すべきか」を宣言したり提案したりするもので、「A は B であるはずである」というように帰納的あるいは仮説形成的に展開せざるを得ない。ドイツ出身の建築家ミース・ファン・デル・ローエ（1886-1969）の「Less is more.（少ないほど良い）」は彼のデザインの神髄をとらえた麗句であっても、実証された理論（positive theory）ではない。あくまで「少ないほど良いはずである」にすぎない。数々の実践の中で、あるデザイン a_1 では真、また別のデザイン a_2 でもやはり真、……よっていかなるデザイン a_n でも真である（に違いない）というように帰納的に獲得された規範的理論（normative theory）である。ミースのこの理論は多くの熱心な支持を集め、近代以降の建築デザインや建築理論に大きな影響を与えてきたが､例えばデザインに装飾や複雑性、様式などを重んじる文化圏や時代にあっては必ずしも賛同を得られるわけではない。これは運動の法則や内燃機関や電灯がいつでもどこでも成立し、普遍的な知識、技術としてあまねく伝搬するのとは対照的である。

自然科学の目的は、自然の成り立ちを普遍的な知見として記述

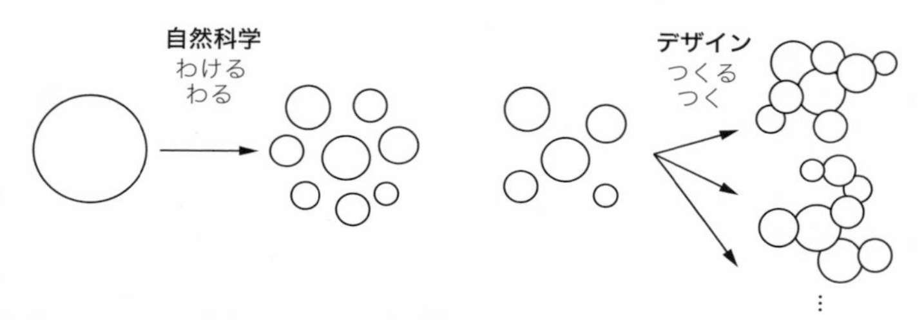

図 0－1●自然科学とデザインの概念図

することであるのに対し、デザインの目的は、ある目標を達成する人工物を考案することとされる[2)]。これらを最も単純化するならば、自然科学は「わける」こと、デザインは「つくる」ことを目的としているととらえられる（図 0-1）。「わける」は何かをより小さな要素に「わく（分く・別く）」こと。「つくる」は「つく（付く）」を語源[3)]とし、何かをつなぎ合わせたり組み立てたりすることである。自然科学は一般に、自然の複雑で容易に理解がおよばない現象をより小さく単純な要素に分解してとらえることで現象を規定する法則や定理を見いだし、より根源的な真理に近づこうとする。「わける」ことは「分かる」ことや「解ける」こと、「わけ」を知ることにつながる。一方デザインでは、何らかの目的のために様々な要素が人工的に合成され、構築される。単純な要素同士をくっつけ、組み合わせてゆくことにより複雑な機能や望ましい性能を備える人工物をつくり出す。有機物は炭素、水素、酸素、窒素などの要素から構成されていることは自然科学の基本的な知見であるが、それらの要素からなる物質をデザインするとなると無数の選択肢が広がる。一般に、いつだれがどこで試みても正しい結果や論理が同一で再現性がある自然科学に対し、試みる人、時代、文化、技術などの前提によりまったく異なる成果物が正しい、美しいと評価されるデザインは、相対する関係にあるともとらえられる[4)]。

このような概念を端的に述べたものに次のような言説[5)]がある。情報工学者・長尾眞（1936-2021）によるものだ。

> 従来の自然科学は方法論がしっかりしていますから、誰がやっても進歩発展してゆくものであります。よく言われることですが、ニュートンやアインシュタインといった天才が出ることによって自然科学が飛躍的に進歩したことは事実でしょうが、こういった天才がいなかったとしても同じ結果は誰かによって何十年か後に得られていたに違いありません。自然科学はおおむねこのような形で発展してゆきます。
>
> しかし人文科学や文学・芸術といった分野はそうではありません。源氏物語は紫式部がいなかったならばその後出現しなかったでしょうし、モーツァルトの音楽は他のいかなる人にも作れなかった天才の作品であります。人類の豊かな発展を考えるとすれば、科学技術だけでなく、こういったことの価値についても十分よく考えねばなりません。

自然科学は普遍的な知見をもたらすため、大学の教育研究対象として特に重視されている。近代科学の方法論が確立されて以降、自然科学はその方法論に基づく限り自ずから進歩、発展して行くとされている。一方、美術や音楽、文学のような人為による創造は作者や時代背景といった局所的な事象に依存して再現性がない。しかし作家性や時代精神を反映した希有な人為は感動や喜びを与える。これらも自然科学に勝るとも劣らず価値あるものだと、上の言説では述べられている。

日本では建築学科は明治期の近代化に端を発するもので、工学部の主要学科として設けられた。そこでは自然科学とデザインの両方の教育、研究が行われた。建築学科で扱う学問領域は構造や環境、防災といった自然科学から、建築論や歴史学、考古学のような人文科学、意匠のような芸術、美学に類する分野にまで広がる。これは日本独自の形態で、英国や米国では一般に建築学は工学部とは独立した建築学部として意匠や計画、哲学、美学、歴史学などを専攻する部局が担い、構造や環境分野は土木工学（civil engineering）の部局に組み込まれている場合が多い。また日本では近代まで建築家という職能はなく、大工棟梁が設計から施工、監理まで一貫して行っていた。このような日本独特の背景も自然科学とデザインの概念の未分化の一因と考えられる。

一方、自然科学とデザインは、その方法論や目的が異質でありながら、あらゆる人工物が自然を原料として自然の法則のもとに存在するように、不可分の関係にある。アメリカの政治・経済・情報工学者でノーベル経済学賞受賞者のハーバート・サイモン（1916-2001）は『システムの科学（*The Science of the Artificial*）』[6]で、人工物が内部に原料や動作原理として自然を包含しながら外界としての自然に囲まれる状況を指し、デザインの結果である人工物を「接面（Interface）」という語で呼んでいる。自然科学が自然環境（natural environment）の理論の解明を担うのに対して、デザインの科学は構築環境（built environment）つまり自然環境とは一線を画す「接面」の理論の解明を担う。何らかの目的を達成するために合成的に創出される人工物のデザイン理論は、人為が介入しない自然科学の理論とは区別される。双方を単一の学科で扱う日本の大学や学会の内部、またそれらを取り巻く社会との間で、意思疎通の断絶が生まれジレンマを抱えるのは、両者の異質性と同質性に起因する。例えば今では自然科学から人文科学にわたる広範な学問領域を扱う日本建築学会も、前身の造家学会は実践的理論の構築の場で、その中心は科学よりむしろデザインにあった。住居系の学科が属する生活科学の出自の家政学も同様である。

けれども前述のようにデザインは、「AはBである」のように普遍的な理論や法則を断定的に解明できる自然科学に比べ、「AはBであるはずである」と宣言したり提案したりすることが中心とならざるを得ないため、学問の厳密性や昨今の成果主義に馴染めず、いつしか大学では主要な研究対象から外れ、より学問的な自然科学や数学が取って代わって席巻することになった。その結果工学部はほとんど物理学や化学が研究の中心を担い、デザイン的な学問、例えば建築学や家政学などは副次的な体系とみなされる傾向にある。一方で、産業界や社会からは大学の専門教育の欠如や、研究の中心である科学的知識と実務者が備えるべき専門的知識の乖離が危惧されるようになった。現実の社会の諸問題は「AはBである」と断定できるような厳密性や整合性を備えておらず、多くの場合「AはBではないだろうか」というような不完全な認識に基づく試行錯誤や、失敗や損害の危険性を負った実践の反復が求められる。「大学の研究や教育は実務にほとんど貢献しない」「いや、大学は職業訓練校でない」と互いの主張はすれ違い、断絶が深まっている。

しかし、自然科学とデザインは、その論理や目的について異なる性質を持つ一方で、未知の法則発見や問題解決の過程には共通性がある。仮説を立てて実験や調査を行い、得られた結果から仮説を立証する科学的方法の過程は、デザインを考案し、それが現実の環境でいかにふるまい影響を及ぼすかを検証する過程に類似する。なぜなら、新たな知識や案を生み出す際は、演繹的な間違いのない分析的な論理展開だけでなく、帰納や仮説形成といった拡張的な推論が不可欠で、個人の経験や洞察が決定的な役割を果たすためである。科学的知識と専門的知識の関係も同様である。

アメリカの哲学者ショーン（1930-1997）[7)]は、領域の専門分化や理論と実践の乖離といった現代の問題を背景に、自らの能力を超える難解な問題に直面する専門家に対して、実践による経験や状況の省察から知見を得て、新たな実践を繰り返し試みる「反省的実践家（Reflective practitioner）」という理想像を提示した。この理論の主眼は、問題解決の結果よりむしろ問題解決過程の方法論にある。自然科学の未知の法則の発見という「不良定義問題（Ill-defined problem）」、すなわち定義が不十分で手続き的に解けない問題の解決は、個人の経験や知識に基づいて創造的に行われ、拡張的な推論が用いられる。直ちに解決に至る方法が不明な場合は、暫定的に可能な方法を試みる行為や、行為の結果の省察が必要となる。論理に基づく自由な議論、誤りの修正といった性質を持つ自然科学の方法論や反省的実践家という現代の専門家像は、いかにデザインすべきかという問いにも様々な示唆を与える。

それはなぜだろうか。自然科学が普遍的な解を導出しようとするのに対して、デザインは個人に依存した特殊な解を導出するという違いはあるが、未知の法則発見や新たなデザインの創造にはともに仮説形成や帰納といった同種の推論や行為が必要となる。

つまり両者には異質性と同質性が併存するが、両者の探求の過程は類似するのである。この入れ子状の関係はやや分かりにくく、冒頭の誤解や齟齬はそのために生じているとも考えられるだろう。前項で長尾の言説が示しているように科学的方法論は長い歴史の中で洗練され確立されており、方法論に関する詳説も数多い。けれどもデザインの方法論については、論理整合性を重視する抽象的な理論や、実務における個別的な経験則やノウハウのいずれかに偏っている場合が多く、体系的な考察の余地が残されている。これらの敷衍がなされれば研究者やデザイナー、大学や社会の断絶を防ぐ共通言語となる可能性がある。このように、自然科学とデザイン、科学的知識と専門的知識、理論と実践は本来共通する軸の両輪をなしていて、断絶や乖離を招くものではないはずである。

本書のねらい

本書は筆者が所属する大阪公立大学（当時は大阪市立大学）のデザインフォーラムという発表会での話題提供「デザインと間違い」や、生活科学部70周年記念誌への寄稿が元になっている。デザインは間違うものという身近な論理を拠り所に、これまでの建築分野の講義や発表資料をまとめたものである。大学院科目の資料として関連分野の理論を体系的に概説するだけでなく、筆者自身の役に立ったり興味をひいたりしたことが、おそらく読者の方々にとってもそうではないかと考えて題材を選んだ。建築のデザインに軸足を置き、学問分野の知見だけでなく実践につながる知見にも触れている。具体的な建物の設計技法を扱うものではないが、現代の専門家が遭遇する定義不良の問題や、創造性が求められる問題の特徴や対処法、仮説形成というあらゆる創造の源泉となる思考方法、商品開発や企業経営に不可欠なイノベーションを導く昨今のデザイン思考など、今後社会で活躍する学生や学際分野の研究者、企業の専門家や行政の政策決定者などが備えられたい知見の分かり易い説明を心がけた。

全体構成は「PART Ⅰ　だれもが日々デザインしている――デザイン方法論の射程」「PART Ⅱ　ひどい問題と向き合う――デザイン方法論の戦略」「PART Ⅲ　過程を見つめる――デザイン方法論が拡げるもの」の3部構成としている。デザイン方法に関する主要な知見や研究成果、問題解決、情報技術、推論、デザイン思考、さらに従来のデザイン方法論の範囲を多少逸れながらも情報化、機械化が一層進展する社会での人の役割や方法まで、異分野の学際領域を往来しながら考察したことが、本書の特徴である。これまでのデザイン方法論は建築や工学といった分野に特化しがちであった一方、デザイン思考をはじめとする実践的方法論は理論的根拠をあまり重視していなかった。これに対して本書は両者の周辺まで広く俯瞰することで新たなデザイン方法論の敷衍を目指している。

PART Ⅰ　だれもが日々デザインしている
——デザイン方法論の射程

PART Ⅰでは、デザイン方法論の歴史や、「問題」と「解」というデザイン方法論の基本要素について理解する。

第1章「デザインの方法論のなりたち」では、デザインとは何か、方法論とは何かといった基本概念から、デザイン方法論の起源や意義を把握する。第2章「問題と解」では、問いと答は人や生物の生存や思索の方法であることをはじめ、デザインを問題と解という学問分野の枠組みに当てはめることで論理的な考察が可能になることや、初期のデザイン方法論研究者の問題解決の型（モデル）について解説する。第3章「問題解決の周辺理論」では、デザイン方法論成立の背景となった心理学分野の諸理論や研究成果から、計算機の発展による認知心理学の誕生などをふりかえる。第4章「情報技術」では、心理学と計算機科学が相補的に発展したこと、ソフトコンピューティングという人や生物の進化や神経回路を模した情報技術とデザイン分野における応用例などについて解説する。

デザイン方法論の辿ってきた道を眺め、その射程を体感してみよう。

第1章　*Chapter 1*

デザインの方法論のなりたち

「問題解決」としてのデザイン

現在の状態をより好ましいものに変えるべく行為の道筋を考案するものは、誰でもデザイン活動をしている。

ハーバート・A・サイモン（『システムの科学』[1]）

1　デザインと方法論

デザインの定義

いま日本では「デザイン」という言葉の解釈の幅は広い。創造性や自己表現といった肯定的な印象を与えるためか、例えば次のような大学の組織名称が知られる。

デザイン工学、環境デザイン、情報デザイン、プロダクトデザイン、ライフデザイン、グラフィックデザイン、ファッションデザイン、システムデザイン

大学が困難な時代を迎える中で「デザイン」という名称が戦略

的に用いられているという。例えば環境デザイン学科はかつては土木学科などと呼ばれていたが、両者の名称が与える印象は随分異なる。「デザイン」という言葉の印象を尋ねると、格好良いものやファッショナブルなもの、普通でない一風変わったものをつくること、芸術的な感性やセンスを要するものといった意見がみられる。「デザイン性が高い」という表現もよく目にする。「デザイン」という言葉で画像を検索すると、形態や色彩が統一されて整っているが生活感がなく少し肩肘の張ったようなマンションのインテリアや、風変わりなボトルの支え方をするワインラック、象徴的な図形や文字などが現れる。これらはいずれもデザインの一面を表しているが、必ずしも本質をとらえたものではない。また「デザイン」という片仮名語が気軽に用いられる中で、それに相当する日本語が曖昧になっているようである。

このような美的な形態や図形の考案を「狭義のデザイン」と呼ぶとすると、「広義のデザイン」は単なる意匠にとどまらない、より大きな概念を包摂する。ユニバーサルデザインは性別や障害や能力差に関わらずだれでも利用できることを目指す概念で、キャリアデザイン、コミュニティデザイン、ソーシャルデザインなどは形態や空間とは関わりがない概念である。Designという言葉の起源をたどると古フランス語のDesiner（デシネ）、さらにラテン語のDesignare（デシナーレ）という、「示す、計画する」という言葉に至る。このDesignareは、De（〜に）と、Signare（印をつける、記号で表す）という意味に分節される。意識にのぼる概念や印象、言葉をとらえて印をつけ、図や文字で記述することを意味していたようである。これによるとデザインは概念として頭の中にあるだけでは不十分で、何らかの媒体を通して具体化し、自身や他者に示すことで初めて意味をなすことになる。

デザインの主意は、辞書を見ると、

・ある問題を解決するために、思考・概念の組立を行い、それを様々な媒体で表現すること

とある。この他に、

・作ろうと思うものの形態について、機能や生産工程などを考えて構想すること
・元来は計画、設計、意匠を意味したが、現在では造形活動一般を指す

などとも説明される。

こうした一般的な定義を参考にしつつ、本書で扱う「デザイン」は、形態や図像の考案を中心として、そのための構想、企画、計画まで含む広義の概念を指すものとする。日本語では設計、考案、構想などの言葉が相当するが、「設計」では主に工学分野に限定される印象を与え、「考案」や「構想」では対象とする概念が広すぎるので、本書では便宜的に「デザイン」という片仮名語を使用している。広義のデザインは日常生活の中でだれもが日々行う身近な行為である。旅行の計画、会食の段取り、着る服の選択、人生の構想なども、目的があり、与えられた状況の中で様々な要素を組み合わせてより良い代替案を探る行為であることから、いずれもデザインといえる。

デザインを「解くことが求められる問題」ととらえた場合、現実のデザイン問題の多くは定義不良で解きがたい特徴をもつことが知られる[2)]。「定義不良」とは、次のような特徴である。

・うまく解ける場合もあればそうでない場合もある
・正解に至る確実な方法が事前に分からず、そのような方法が存在するかどうかも不明
・解く人やその時々の状況により様々な方法がとられる
・解決案には確信が持てず、常により良い代替案があるように思われる
・経験を積むとうまく解けるようになることが多い
・必ずしも最良の解決案が求められるわけでなく、受け入れ可能な解決案であれば構わない
・最も良い解決案は分からなくても、複数の解決案の優劣をつけることは可能

例えば、周到に計画した旅行が想定外の出来事で台無しになったり、甘んじて受け入れた意に沿わない進路選択がかえって豊かな人生や僥倖をもたらしたりする。複雑な建築物や都市の設計も、朝家を出るときの服の選択も、あるいは傘を持つかどうかさえも、すべてデザインに類する事象で、人それぞれに方法論や一家言があることだろう。

これらの特徴を見るとデザイン問題の解法には確固とした拠り所がなく、対処しようがないようにも思われる。旅行の失敗ぐらいなら笑い話で済むかもしれないが、建物の設計やプロダクトデザインとなると、それらのできばえが環境や社会、利用者、費用や収益に影響を与え、場合によっては身体や生命に影響を与える。そのため場当たり的でない、より確固とした、説明可能な方法論が必然的に求められる。このような一筋縄では行かないデザイン

を、より効率的にうまく解くために、様々な研究者や実務者が方法論を探求してきた。

方法論の定義

「方法論（methodology）」とは方法の理論、つまり方法を用いる方法のことである。「デザイン(の)方法論」とは、デザイン方法にどのようなものがあり、どのような用い方がよいかを探求するものととらえられる。より簡単には「デザインはいかに行われるべきか」を問うこととなる。これはすなわち「デザインとは何か」を問うことでもある。

デザインの方法論に目が向けられたのはいつの頃からだろうか。ものづくりや芸術は、人の誕生とともに芽生えたと考えられる。考古学の知見によると洞窟壁画や組積造の建造物は先史時代までさかのぼることができる。デザインの方法論の歴史はデザインの歴史と同じくして始まったと考えられるが、それらがデザイン方法論（design methodology）として体系的にとらえられるようになるのはそれほど古くなく、少なくとも近代以降のことである。建築のような高度な専門知識を要する人工物のデザインは、古くから建築家（architect）というデザイン専門の職能が担い、生産を担う職人（craftsman）とは区別されていた。けれども衣服や履物、家具什器などでは、デザインを考案する職能と、考案されたデザインを実現するために生産する職能は明確には分離されていなかった。例えば桶職人であれば、桶の形状や構成を考案し、ものづくりの各工程の作業を行い、完成した桶を持ち家々を回って売るというように、設計、生産、販売などを一手に担っていた（図

図1-1●桶職人のものづくりの様子（葛飾北斎「尾州不二見原」）
この大桶をデザインしたのは、中央で板鉋をふるっている職人本人だろう。高度なデザインと生産技術であるが図面や仕様は頭の中にあるのだろう。しかし大桶の生産を委託したり大量生産したりするにはそれらが必要となる。

1-1)。日本では建築家という、建築を専ら考案する職能が生まれたのは近代化がはじまる明治以降のことで、それまでは大工棟梁が設計、施工を一貫して担っていた。Architectureという英語は初めは「造家」と訳されていたが、それでは芸術的な意味合いが欠けるとの伊東忠太（建築家、1867-1954）の主張により「建築」という日本語があてられたのもその頃である[3)]。日本で「建築」学会が誕生したのは明治30(1886)年のことであるが、その前身(明治19年設立）は造家学会と称していた。造家学会ではその名の通り、建物を「つくる」ための知識や技術を蓄積し、継承、発展させることに重きが置かれていた。この時点ではまだ、そして「建築」の語を採用してからもしばらくの間は、「デザインはいかに行われるべきか」というデザイン方法論への意識は見られない。デザイン方法論が社会的に認知され始めたのは、デザイン方法をめぐる主要な国際会議が開かれた20世紀半ば以降である。

2　デザイン方法論のはじまり

ここで、デザイン方法論が実際の失敗に学び、建築計画の問題を解決するため他の学問分野の知見を援用して理論モデルを考案した一例を紹介しよう。

Case Study 1　夜中にトイレに行けない？
——ル・コルビュジェの医院兼用住宅の導線問題

図1-2は1954年に建築家のル・コルビュジェ（1887-1965）がアルゼンチンのラ・プラタ（ブエノスアイレス州の州都。計画都市として有名）のある医師のために設計した、４階建て医院兼用住宅の当初の各階平面図である。竣工後使用してみると様々な問題が生じ、室を再配置する改修が必要になった。そのために起用された建築家のA・フレークスハウク（1920-1984）は、設計の見直しのために、彼が考案したネットワークモデルを使って建物の導線を再検討した。このモデルがデザイン方法論として効力を発揮することになったので紹介しよう。

平面図（図1-2）の各室のつながりを行列で表すと図1-3のようになる。１と書かれた箇所の左端および上端の番号の室が互いに接続していることを表す。行列右端のSiはその行の数字の和で、左端の番号の室が接続する室の総数となる。この行列を可視化するためにネットワークグラフで表す場合、各室が接続する室の最大数は５であるので、５の接続（リンク）が必要となることが分かる。図1-4の（3.6）がこの住宅の室の接続関係を表すために最もふさわし

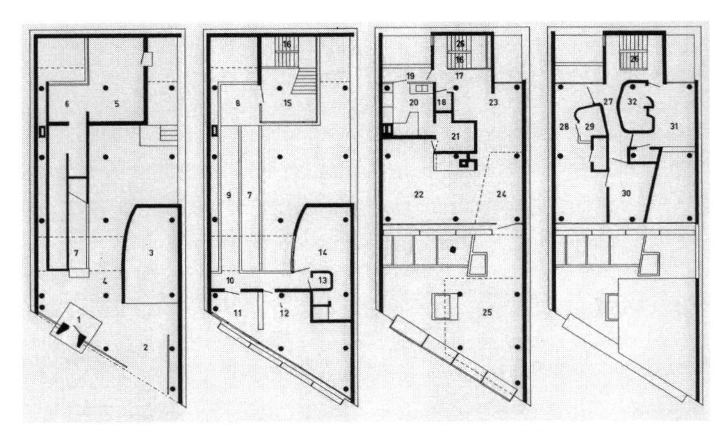

図1－2●住宅内動線の例　ル・コルビュジェの4階建て医院兼用住宅
（『*ulm4*』、1959年4月、pp.62–64）
1. 主出入口　2. 車庫の門　3. 車庫　4. ホール　5. 洗濯室　6. ボイラー室　7. 斜路　8. 踊り場　9. 斜路　10. 患者入口　11. 待合室　12. 診察室　13. 便所　14. 使用人室　15. 住宅出入口　16. 階段　17. 踊り場　18. 便所　19. 台所通路　20. 台所　21. 倉庫　22. 食堂　23. 居間　24. 居間　25. テラス　26. 階段　27. 廊下　28. 寝室　29. 浴室　30. 寝室　31. 寝室　32. 浴室

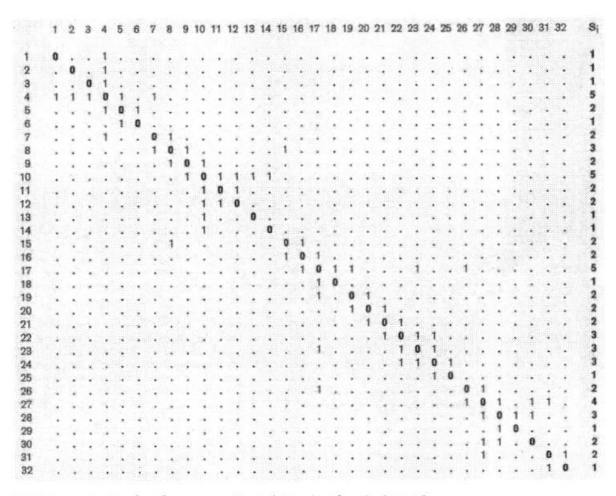

	1	2	3	4	5	6	7	8	9	10	11	12	13	14	15	16	17	18	19	20	21	22	23	24	25	26	27	28	29	30	31	32	S_i
1	0	.	.	1	.	.	.	.	.	.	.	.	.	.	.	.	.	.	.	.	.	.	.	.	.	.	.	.	.	.	.	.	1
2	.	0	.	1	.	.	.	.	.	.	.	.	.	.	.	.	.	.	.	.	.	.	.	.	.	.	.	.	.	.	.	.	1
3	.	.	0	1	.	.	.	.	.	.	.	.	.	.	.	.	.	.	.	.	.	.	.	.	.	.	.	.	.	.	.	.	1
4	1	1	1	0	1	.	1	.	.	.	.	.	.	.	.	.	.	.	.	.	.	.	.	.	.	.	.	.	.	.	.	.	5
5	.	.	.	1	0	1	.	.	.	.	.	.	.	.	.	.	.	.	.	.	.	.	.	.	.	.	.	.	.	.	.	.	2
6	.	.	.	.	1	0	.	.	.	.	.	.	.	.	.	.	.	.	.	.	.	.	.	.	.	.	.	.	.	.	.	.	1
7	.	.	.	1	.	.	0	1	.	.	.	.	.	.	.	.	.	.	.	.	.	.	.	.	.	.	.	.	.	.	.	.	2
8	.	.	.	.	.	.	1	0	1	.	.	.	.	.	1	.	.	.	.	.	.	.	.	.	.	.	.	.	.	.	.	.	3
9	.	.	.	.	.	.	.	1	0	1	.	.	.	.	.	.	.	.	.	.	.	.	.	.	.	.	.	.	.	.	.	.	2
10	.	.	.	.	.	.	.	.	1	0	1	1	1	1	.	.	.	.	.	.	.	.	.	.	.	.	.	.	.	.	.	.	5
11	.	.	.	.	.	.	.	.	.	1	0	1	.	.	.	.	.	.	.	.	.	.	.	.	.	.	.	.	.	.	.	.	2
12	.	.	.	.	.	.	.	.	.	1	1	0	.	.	.	.	.	.	.	.	.	.	.	.	.	.	.	.	.	.	.	.	2
13	.	.	.	.	.	.	.	.	.	1	.	.	0	.	.	.	.	.	.	.	.	.	.	.	.	.	.	.	.	.	.	.	1
14	.	.	.	.	.	.	.	.	.	1	.	.	.	0	.	.	.	.	.	.	.	.	.	.	.	.	.	.	.	.	.	.	1
15	.	.	.	.	.	.	.	1	.	.	.	.	.	.	0	1	.	.	.	.	.	.	.	.	.	.	.	.	.	.	.	.	2
16	.	.	.	.	.	.	.	.	.	.	.	.	.	.	1	0	1	.	.	.	.	.	.	.	.	.	.	.	.	.	.	.	2
17	.	.	.	.	.	.	.	.	.	.	.	.	.	.	.	1	0	1	1	.	.	.	1	.	.	1	.	.	.	.	.	.	5
18	.	.	.	.	.	.	.	.	.	.	.	.	.	.	.	.	1	0	.	.	.	.	.	.	.	.	.	.	.	.	.	.	1
19	.	.	.	.	.	.	.	.	.	.	.	.	.	.	.	.	1	.	0	1	.	.	.	.	.	.	.	.	.	.	.	.	2
20	.	.	.	.	.	.	.	.	.	.	.	.	.	.	.	.	.	.	1	0	1	.	.	.	.	.	.	.	.	.	.	.	2
21	.	.	.	.	.	.	.	.	.	.	.	.	.	.	.	.	.	.	.	1	0	1	.	.	.	.	.	.	.	.	.	.	2
22	.	.	.	.	.	.	.	.	.	.	.	.	.	.	.	.	.	.	.	.	1	0	1	1	.	.	.	.	.	.	.	.	3
23	.	.	.	.	.	.	.	.	.	.	.	.	.	.	.	.	1	.	.	.	.	1	0	1	.	.	.	.	.	.	.	.	3
24	.	.	.	.	.	.	.	.	.	.	.	.	.	.	.	.	.	.	.	.	.	1	1	0	1	.	.	.	.	.	.	.	3
25	.	.	.	.	.	.	.	.	.	.	.	.	.	.	.	.	.	.	.	.	.	.	.	1	0	.	.	.	.	.	.	.	1
26	.	.	.	.	.	.	.	.	.	.	.	.	.	.	.	.	1	.	.	.	.	.	.	.	.	0	1	.	.	.	.	.	2
27	.	.	.	.	.	.	.	.	.	.	.	.	.	.	.	.	.	.	.	.	.	.	.	.	.	1	0	1	.	1	1	.	4
28	.	.	.	.	.	.	.	.	.	.	.	.	.	.	.	.	.	.	.	.	.	.	.	.	.	.	1	0	1	1	.	.	3
29	.	.	.	.	.	.	.	.	.	.	.	.	.	.	.	.	.	.	.	.	.	.	.	.	.	.	.	1	0	.	.	.	1
30	.	.	.	.	.	.	.	.	.	.	.	.	.	.	.	.	.	.	.	.	.	.	.	.	.	.	1	1	.	0	.	.	2
31	.	.	.	.	.	.	.	.	.	.	.	.	.	.	.	.	.	.	.	.	.	.	.	.	.	.	1	.	.	.	0	1	2
32	.	.	.	.	.	.	.	.	.	.	.	.	.	.	.	.	.	.	.	.	.	.	.	.	.	.	.	.	.	.	1	0	1

図1－3●各室のつながりを表す行列

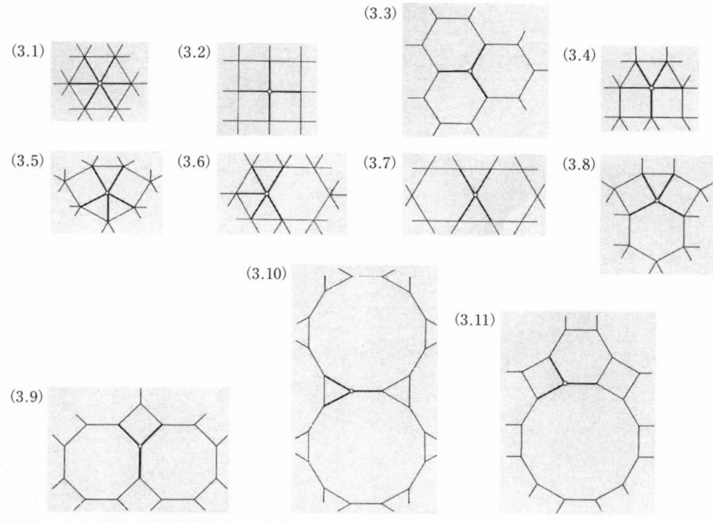

図1-4 ●様々な接続関係に対応したネットワークモデル

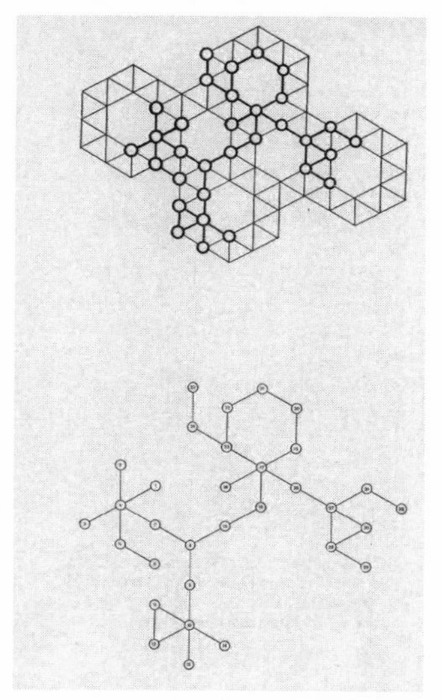

図1-5 ●ネットワークモデルで表現された各室の接続関係

いネットワークモデルであると推測されることから、図1-5のように表現できる。このグラフから次のような問題が浮かび上がる。

- メイド室⒁からキッチン⒇への唯一の経路は、患者用玄関⑽を通り過ぎ、天窓のある明るいスロープ⑼を上って踊り場⑻を抜け、家の玄関⒂から階段⒃を上り、階段⒄、キッチン通路⒆を通る必要があること。
- キッチン⒇からダイニングルーム(22)に入るには、通常は冷蔵室(21)を通って行くことになる。キッチン通路⒆と踊り場⒄を通ってリビングルーム(23)、(24)を抜けてダイニングルーム(22)に行くこともできるが。
- 寝室(30)から浴室(29)に入るには、他の寝室(28)を通ることになる。あるいは、通路(27)を抜けてまた他の寝室(31)を通れば、もう一つの浴室(32)に行くことができる。もし、2つの寝室（(28), (31)）が使用中の場合は、下階のトイレ⒅を使う方法もあるが。

これらの問題点（最後の問題点はことのほか困ったはずだ）は、コルビュジェは承知の上でデザインしたのかもしれないが、施主には明確に伝わっていなかったために竣工後に問題となったのだろう。あるいはコルビュジェも、施主の医院兼用住宅の実際の使い方や室の往来頻度などを十分に理解していなかったことも考えられる。

このフレークスハウクの手法は、建築計画のデザイン問題にグラフ理論を援用したものといえる。グラフ理論の起源は18世紀初め頃のオイラーによるケーニヒスベルクの橋問題とされるが、数学の一分野として認知され始めたのは1950年前後である。水道管網、配電線網、通信網などがグラフ理論により計算できるようになったのが1955年頃とされている。フレークスハウクのグラフ理論を用いた手法もちょうどこの時期に発表されており、まさに当時の最新の数学的知見を援用した建築計画手法の提示であったと考えられる。これはグラフ理論による初歩的な分析であるが、実際には室を移動する人の特性や往来頻度、時間帯などを考慮するとより詳細な検討が可能になる手法である。病院のように清潔、不潔に関係する動線や多様な室、複数の利用主体が関係する建物の場合にはグラフ理論を用いた分析が有効であることが分かった。機能が複雑な建物の計画において、部屋間のつながりに行列を用いて動線や移動距離を算出する手法は、現在でも研究や実務で用いられる場合がある。

ウルム造形大学（ULM）起源の問題意識

こうした「デザイン(の)方法論」はどのような道筋を辿ってきたのだろうか。まずはデザイン方法論が盛んに論じられ始めた1950～60年代以降の、国際会議の名称を見てみよう。この時期、英国、次いで米国で、建築デザイン分野の国際会議が2～3年に1度の頻度で盛んに開催された。

20世紀後半に開催されたデザイン方法論に関する国際会議

（丸括弧内は開催地）

1962年　工学、工業デザイン、建築、コミュニケーションにおけるシステマティックで直感的方法に関する会議（ロンドン 英国）[4]

1965年　デザイン理論に関するシンポジウム（バーミンガム 英国）[5]

1967年　建築のデザイン方法に関する会議（ポーツマス 英国）[6]

コラム❶ column ケーニヒスベルクの７つの橋問題

18世紀初め頃、プロイセン王国のケーニヒスベルク（現在のロシア連邦カリーニングラード）には町の中央にプレーゲル川が流れており、７つの橋が架けられていた。「７つの橋を２度と通らずに全て渡って元のところに帰ってくることはできるか。ただしどこから出発しても良い」と、人々の間で好んで問われていたという。レオンハルト・オイラーがこの問題に取り組む中で、一筆書きが可能となる必要十分条件を証明した。これがグラフ理論の起源となったとされる。ちなみに一筆書きが可能なグラフはオイラーグラフと呼ばれている。

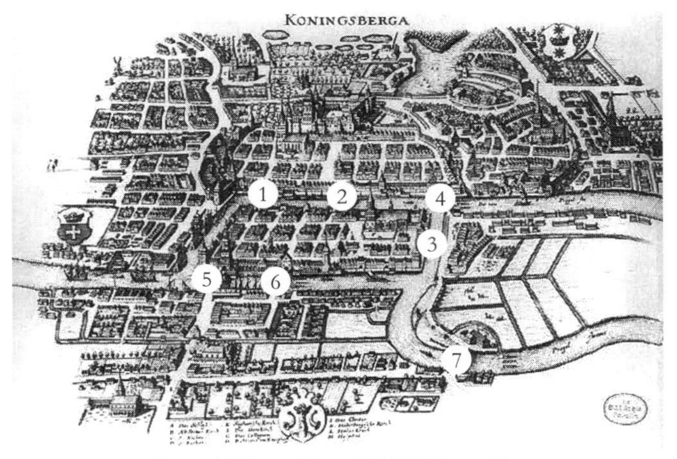

ケーニヒスベルクの町を流れるプレーゲル川と７つの橋

1968年　環境デザインと計画の新たな手法に関する会議（ボストン 米国）[7]

1971年　デザイン参加に関する会議（マンチェスター 英国）[8]

1974年　デザイン理論の基本的問題に関する会議（ニューヨーク 米国）[9]

1980年　変化するデザインに関するシンポジウム（ポーツマス 英国）[10]

1982年　デザインポリシーに関する会議（ロンドン 英国）[11]

これらの名称に表れた主題の多くは現在の建築分野の研究テーマにも共通するものである。このうち、1968年に米国のデザイン方法グループ（Design Method Group）によってボストンで開催された国際会議の会議録の序文では、主催者のG・ムーアがデザイン方法会議の誕生について「建築と工業デザインにおける新しい方法論への動きは、まず1950年代のウルム造形大学での思考と教育の中で息を吹き返し、英国でC・ジョーンズやB・アーチャーなどの著作や教育によって強力に後押しされ、1962年にロンドンで開かれたデザイン方法論の最初の国際会議に集約された」と記している[12]。

ここでデザイン方法の起源として言及されているウルム造形大学（Ulm School of Design　以下ULMとする）はマックス・ビルとオトル・アイヒャーによって1953年に設立されたドイツの単科大学で、「美術と科学の融合」が目指され、1950年代から1960年代にかけてドイツのデザイン教育の中心を担っていた。1959年発行のULM編集の雑誌『*ulm*』4号では、A・フレークスハウクのデザイン方法の事例が特集されている[13]。それらは、住居内の動線計画、都市の主道路計画、ヨーロッパ首都の地下鉄システムだが、そのうちの一つがCase Study 1で紹介した、ル・コルビュジェの設計問題に対するグラフ理論による解決案であった。

現在、建築計画やデザイン問題に計算機科学や人工知能などの新たな科学的知見を適用する試みも様々な分野で追求されているが、その起源とも考えられるのが20世紀半ばのULMであった。なぜULMでこのようなデザイン方法に関する変革が起こったのだろうか。

ここで19世紀から20世紀にかけての欧州のデザイン方法をめぐる状況を概観しておきたい。19世紀のデザイン運動として、アーツ・アンド・クラフツ運動が知られる。英国は18世紀半ばに産業革命を迎え、大量生産による安価であるが粗悪な製品が市場に出回っていた。デザイナーで思想家のウィリアム・モリス（1834-96）はこのような状況を批判して、中世の手仕事への回帰により生活と芸術を統一することを提唱した。自ら設立したモリス商会の商品は美しくても高価で富裕層にしか受け入れられなかったとされるが、この思想は欧州各国や日本にも影響を与えた。アール・ヌーボー、分離派、ユーゲント・シュティール、民芸運動などはいずれもアーツ・アンド・クラフツ運動の影響を受けている。当時はドイツでも工業化が進み、伝統的な職人養成制度も廃止されていた。そのような中で工芸品の品位を高めることを目指す「ドイツ工作連盟」が1907年にアンリ・ヴァン・ヴェルデを中心として設立された。しかし規格化を重視するグループと対立したヴァン・ヴェルデはドイツを去り、ヴァイマル共和国に設立したヴァイマル工芸ゼミナールをヴァルター・グロピウスに託した。これがデザイン教育の総合的な学校として著名な国立バウハウス・ヴァイマルである。当初は機能主義的な考えと、芸術的な考えがともに重視されていた。けれども1925年にバウハウスがデッサウに移転しハンネス・マイヤーがグロピウスに代わって校長となると、規格化、数量化、軽量化が重視され、合目的性、経済性、科学性を徹底する方針が採られるようになった。マイヤーは、ヴァン・ヴェルデと対立したグループの系譜にあり、共産主義者としても知られた。このためにバウハウスは当時ドイツで台頭していた極右政党ナチスの弾圧を受けることとなる。マイヤー解任後校長に就任したミース・ファン・デル・ローエはバウハウスから政治色を払拭したが、1933年に解散を余儀なくされた。そして第二次世界大戦の敗戦を経てウルム市民大学が1946年に、ウルム造形大学（ULM）が1952年に設立される。大学創立にはバウハウスの再興を期して誕生したショル財団が関わっていた。財団の理事インゲ・ショルは、ナチスへの抵抗団体である「白バラ」の構成員であったハンス・ショル、ゾフィー・ショルの姉である。また、都市としてのウルムは空爆により市街地の73%を破壊されている。一方、ナチスの指導者アドルフ・ヒトラーは若い頃画家そして建築家を目指していたことはよく知られているが、ULMの設立に携わったメンバーは、ナチズムと第二次世界大戦によって破壊されたウルムの街の再建、そしてナチズムによって蹂躙された芸術教育活動の復興と革新を目指したのであった。こうした中でウルム造形大学では、従来のデザイナーの資質に依存した神秘的な芸術活動に代わる、グラフ理論のような科学的理論を採り入れた革新的な教育研究が指向されることになる。

産業革命による工業化と製品の粗悪化、それを批判して誕生したアーツ・アンド・クラフツ運動。アーツ・アンド・クラフツ運動の影響を受けて設立したドイツ工作連盟と、規格化を重視する一派との対立。当初は機能と芸術をともに尊重していたバウハウスであったが、マイヤーにより機能主義が徹底される。ナチスによる弾圧、バウハウス解散と、敗戦後に生まれた美術と科学の融合を目指したULM――18世紀半ばから20世紀半ばの欧州、特にドイツのデザインをめぐる状況を概観すると、生活や手工業、芸術といった伝統的な価値観と、工業化や合目的化といった新たな科学的知見を重視する価値観の間で対立や葛藤を伴いながら揺れ動いていた様子が窺える。デザインの潮流はデザイン分野内部から生み出されるだけでなく、その時代の技術革新や科学、思想、政治などの外部要因の影響を受けて寄せては返している。

そしてULMに端を発するデザイン方法探求の流れが英国で後押しされ、1962年ロンドンにおける第1回国際デザイン方法会議に至る。この国際会議の研究発表の目録[14]を見れば、当時デザイン方法の何に関心が持たれて議論されていたのかが分かる。

基調講演：デザイナーの発見（D・G・クリストファーソン、工学技術者）
町と地域計画の問題に対するシステマティックアプローチ（L・S・ジェイ、計画担当公務員）
システム工学の適用可能性（ウィリアム・ゴスリング、電気工学講師）
機器デザインのための方法論（G・M・ウィリアムズ、生産技術者、制御工学者）
建築教育におけるデザイン方法論（D・G・ソーンリー、建築学科講師）
システマティックデザインの方法論（J・クリストファー・ジョーンズ、

工業デザイン学科講師）
デザインシステムのデザイン問題（ジョセフ・エシェリック、建築学科講師）
インドの村の構成要素の決定（クリストファー・アレグザンダー、数学者、建築家）
工学設計への形態学的アプローチ（K・W・ノリス、コンサルタント、調査開発技術者）
デジタルコンピューターを用いた構造解析の実験（A・H・ルーカス、コンサルタント、調査開発技術者）
形の概念とデザインの進化（ゴードン・パスク、システム・リサーチ&サイバネティックス開発社長）
問題解決集団におけるコミュニケーション（B・N・ルイス、心理学者）
創造の過程（ロビン・デニー、画家）
絵画の創造的方法（ロジャー・コールマン&ハワード・ホジキン、美術・デザイン評論家、画家）
創造的行為の心理的側面（E・F・オドハーティ、論理学者、心理学者、牧師）
会議で発表された論文の総括（J・K・ペイジ、建築学科教授）

この会議では、建築、工業デザイン、論理学、心理学、美術など幅広い分野の研究者や実務者が発表を行っている。必ずしも建築や美術のような造形的なデザインのみを対象としているわけでなく、デザイン方法に関する研究や実践事例が幅広く扱われている。会議録序文に「この会議はデザイン行為の方法、過程、心理学に関する最初の会議と言われています［…］。当時も今も、私たちは問題解決の体系的な方法、特にデザインに関連する問題を探し出し、確立することを強く望んでいます。また、デザインを創造的なプロセスとして教え、それを意識的な思考の体系的な過程によって助け、経験と学術的知識を統合し、同時に想像力を抑制することのないようにする方法を模索していました」とあるように、主催者はこの国際会議をデザイン方法に関する最初の会議と認識していた。主題となったのは造形理論や建築理論といった狭義のデザインでなく、問題解決や創造性などに関するデザイン方法自体であった。研究発表の14題目中4題に「システム」あるいは「システマティック」という用語が含まれている。これらは日本語では「体系立った手順」などと訳されるが、デザインを体系的に行うための手順に対する強い関心が伺える。他には、「問題解決」や「過程」、「創造」という用語も見られる。会議録序文の続き[15]からは、学問分野で用いられる「問題と解」という概念をデザインに適用し、デザイン問題をシステマティックかつ創造的過程によって解く方法が探求され始めていることが分かる。さらに、デザイン問題をシステマティックな過程と、創造的な過程によって解決することが目標に掲げられている。伝統的な芸術分野のデザインでは創造性が最も重視され、芸術家の創造行為は個人的で神秘的、超人間的で、時には独善的になることも辞さないと考えられる場合もあった。そのような創造性を尊重しつつも、それをシステム化された手順により合理的に、訓練すればだれにでも可能にすることが目指されたと考えられる。ここでは関心の中心は、デザインされた結果の造形物や製品でなく、デザインの過程にあった。説明不可能で暗示的であったデザインの過程を、説明可能で明示的な過程として扱うことができれば、合理化や最適化を図ることができ、数学や自然科学などの他分野の知見や関連職能との協調も可能となる。

第1回国際デザイン方法会議の要点は次のようにまとめられる。

- 学問分野で用いられる「問題と解」という概念をデザインに適用した
- デザインの結果の成果物でなく、デザインの過程を重視した
- 暗示的で説明不可能なデザインの過程を、明示的で説明可能な過程にしようとした
- デザイン問題の解決のために、システマティックな過程と創造的な過程をともに重視した
- デザインを分析(Analysis)、総合(Synthesis)、評価(Evaluation)の3つの局面でとらえた
- デザイン方法を客観的、論理的にとらえることにより、科学に見られるような持続的な発展を目指した

このうち特に重要なのが、デザインを分析（Analysis）、総合（Synthesis）、評価（Evaluation）の3つの局面でとらえたことだろう。これらからは1962年当時のデザイン方法に対する期待や議論の盛り上がりが窺えるが、後年の評価によれば理想主義的であったとの批判もある。建築家のピーター・ロウは、当時のデザイン方法論の勃興について次のように述べている。「デザインに対する科学的な、および完全に客観的な研究方法の可能性が考慮されたばかりでなく、その可能性そのものが目標となった。合理的な決定論の自信に満ちた観念が普及した。そして、デザインの全過程

は、明解に説明でき、関連資料は集められ、媒介変数は設定され、理想的な工芸品が生産できると信じられた[16)]」。けれどもその一方で「これまで主観的であったデザインの難解な領域を多くの人々に解放し、接しやすくしようという計画の社会的、政治的意義を大切にした」とも述べている。彼の言うとおり、デザインのシステマティックかつ創造的な過程は、当初期待されたほど完全には解明されず、現在にいたっても依然として探求は続いている。けれども、それ以前はほとんど体系化されていなかったデザインを他の学問分野と同様の研究対象の俎上に載せ、問題を共有したこと、探求の端緒を開いたことの成果は大きい。システマティックデザインの考え方は、第3章2節で見るように心理学の行動主義や認知心理学の影響を受けている。行動主義は生物の行動原理を刺激と反応（S–R）、あるいは刺激と内部機構と反応（S–O–R）ととらえたが、これは人のデザイン過程を明示化し分析－総合－評価という観察可能な局面に分節してとらえる概念の原型と考えられる。またこの分析―総合―評価の過程は、受け入れ可能な案が得られるまで、前回の試行結果を手掛かりに次の試行に活かすフィードバック回路を備えていた。その後登場する機械学習や人工知能が、目的の達成度を評価するために汎化誤差を再帰的に最小化するものであるように、システマティックデザインの考え方には、すでに現在の人工知能や機械学習の動作原理の兆しが見られる。第1回国際デザイン方法会議がデザイン方法の発展に果たした役割は少なくない。

3 初期デザイン方法論の背景

デザイン方法論の源流は、第二次世界大戦後のドイツのULMに端を発していた。それでは、これを受けてデザイン方法論に関する議論が60年代の英国、米国でなぜ始まり、盛んになったのか。当時を振り返り、デザイン方法誕生の背景をとらえたい。

1950年代から1960年代の人工物のデザインを取り巻く主な動向としては、次のような事象が挙げられる。

・第二次世界大戦の終戦に伴う人口増加と消費の増加
・科学技術の発展に伴う人工物の複雑化
・軍備拡大競争　1950年：朝鮮戦争、1960年：ベトナム戦争
・宇宙開発競争　1957年：スプートニク1号・2号発射、1969年：アポロ11号月面着陸
・計算機の発展　1950年：プログラム内蔵型商用計算機の開発、1958年：集積回路の概念発表
・インターネットの原型の誕生　1961年：パケット通信の概念開発、1969年：ARPANETの開発

戦争中の非常時には、防衛や攻撃のための研究や技術開発が挙国一致し先を争って行われた。車両や船舶、航空機、火器などの重厚な人工物だけでなく、弾道計算や暗号のための情報処理を行う計算機やアルゴリズムの開発が進められた。戦後これらの科学技術は様々な分野に投入され、人工物が高度化し、商用化によって大量生産された。また冷戦体制に移行すると新たな軍拡競争が繰り広げられ、宇宙開発やそれに必要な高度な演算を行う計算機、

情報通信などの開発も進んだ。宇宙という未踏の世界の開拓、人の能力を上回る演算を処理する計算機、広帯域の安定的な情報通信の開発などの実現には様々な未知の問題の解決が求められ、関連する科学知識や異分野の知見、職能を結集することが不可欠となる。一部の有能な達人が経験や洞察に基づいて全てを統括し、臨機応変に対処するような従来のデザイン方法では、これらの大規模で複雑な問題に対して不十分であるとの共通認識が次第に確立されつつあった。巨匠や独裁者に任せれば難解な問題の解決に決定的な貢献がなされることもあるが、一方で過程が明示的、論理的でないため他者の協力や批判を得にくく、技術の継承もままならず、時に大きく道を誤る場合があることはそれまでの歴史が示していた。

原初的なものづくり、例えば履き物生産などの資本主義以前の家内制手工業では、生産に必要な資本を自ら所有し、家族を中心とした手仕事が行われていた。生産された商品は自ら使用する他、集落などの共同体内部で消費された。このように原初的なものづくりでは、一人の人間が全ての過程（企画、設計、材料調達、加工、組立、販売、保守など）を担っていたと考えられる。産業革命により資本主義経済が確立され、ものづくりの多くは工場制手工業や機械制大工業に移行した。そこでは工場などの生産手段を所有する資本家が、労働者を雇用して商品を生産することにより、自らの利潤を追求した。ここでは機械の所有者（経営者）と、機械を使って実際にものづくりを行う労働者（雇用者）が分離する。つまり何をいかにつくるかを考える職能（知的労働者）と、機械を操作し体を動かしてものをつくる職能（肉体労働者）が生まれる。肉体労働の生産性の向上には物理的、身体的な限界があるのに対し、何をいかにつくるかについてのデザインを考案する仕事には、生産性を飛躍的に向上させたり、生産の革新をもたらしたりする可能性があるため、デザインを担当する職能の役割がより重要となった。建築家はもはや建設工事には携わらないばかりか、図面すら引かない場合も珍しくない。本章の終わりに、このような従来のデザイン方法から新たなデザイン方法への移行の状況を描写した当時のデザイン方法論者（いずれも第2章で再登場する人々である）の言葉を挙げたい。

> デザインが簡単な技術やルーティンで済むならクラフトの水準で足るが、技術が複雑でその応用方法が自明でない場合は工学的デザインが必要となる。[17]
> （M・アシモウ）

> 宇宙開発プログラム、人工衛星によるテレビ、化学プラント設計、電話システムの発展のような企画には、デザイン思考を外部化することなくしてはなし遂げられなかった。[18]
> （C・ジョーンズ）

> ある種の文化を、他と比較対照するために、自覚していない（unselfconscious）と呼び、我々のを含むもう一方を自覚している（selfconscious）と呼ぶことを提案したい。[19]
> （C・アレグザンダー）

> 彫刻的から工学的への強調の移行が世界的な規模で起こっている。[20]
> （B・アーチャー）

20世紀は戦争の世紀といわれるように、戦争によってわれわれの生活や科学技術、人工物、時代精神などは一変することとなった。日本は明治以降、欧米の科学技術やものづくりの技術を積極的に取り入れて近代化を目指した。戦艦大和のような世界最大級の人工物をデザインし、限られた物量にもかかわらずたった4年のうちに実戦に投入する世界最高水準の技術力がありながら敗戦という償いがたい犠牲を払うことになった。後世の研究は数々の敗因を明らかにしている。が、少なくともデザインや問題解決の方法論の点で、いち早く産業革命を経験した英国や、優秀な科学者を積極的に受け入れて国を挙げて科学技術の発展を推進した米国は、一足も二足も先んじていたと言わざるを得ない。第二次世界大戦中、オペレーションズ・リサーチ（OR）といった科学的方法論が英米で研究され、最適な戦術や兵站に活かされたとされる。それらは戦後、デザイン方法論の核心となる概念を提供する。それまでブラックボックスであった過程の透明化や数量化、個人の能力や機転に依存したその場限りの方法からシステマティックな方法への移行などである。これらは戦中戦後に一度にもたらされたものでなく、西洋の長い歴史で育まれた哲学や民主的な意思決定方法、科学的方法の文脈にも後押しされただろう。人工物のデザインに、科学的方法が導入されることにより、人工物もまたその着実な発展の軌道に乗るようになる。最適化計算、航空機、レーダー、原子爆弾などにより大戦の勝敗は決したが、科学の発展や人工物の著しい進化はまた新たな難解な問題を副次的に生み出すことになる。これについては後章で見て行きたい。

第2章 *Chapter 2*

問題と解

デザインの答の問いかた

自然科学の研究は端的に「問題」とその「解答」からなる。しかし、さらに難しいことは、良い問題を設定することである。

野依良治（『事実は真実の敵なり』[1]）

前章で見たように、デザイン方法論黎明期の主な成果の一つは、デザインに「問題と解」という概念を適用したことであった。当時のデザイン方法の研究者や実務者の言葉にも「問題」という言葉が度々登場している。

今日、デザイン問題は次第に解きがたい複雑さのレベルに達している。月面基地、工場、ラジオなどの複雑さは内部的なものだが、村やヤカンも同じくらいに複雑である。

C・アレグザンダー（数学者、建築家）

デザイナーは、問題を見つけ出し、それが適切な問題であることを証明しなければならないばかりか、いまだ存在しない製品の性能や形や製造方法までも見通し、さらにその製品が周囲の環境へ、あるいは環境からどのように影響されるか予測しなければならない。
C・ジョーンズ（デザイナー）

序章に登場したサイモンによるとデザインは「ある目標を達成する人工物を考案すること」であった。経済学者である彼の主な関心は商品や製品などの人工物にあったためか、絵画や芸術といった分野のデザインにはあまり言及されていない。芸術には正解や不正解がなく、あらゆる作品が唯一物で価値があるとみなされる場合が多い。けれどもたとえ絵画であっても、作者は何らかの目標、例えば人に感動を与えたい、自分の心情や想いを表現したい、生活のため作品を売りたい、などのもとに絵筆を執っているはずである。そしてそこでは「AはBであるはずである」というように、必ずしも実証はできないものの、何らかの宣言や提案が行われているとみなされる。この「目標の達成」という言葉は、「問題の解決」という言葉に置き換えることもできるだろう。目標とは目指す対象であり、現時点では到達していないが、将来に到達を期待する事象である。容易に到達できる場合は目標という言葉はあまり用いられず、多くの場合到達に一定の困難性や不確実性が伴う。「目標の達成」は山登りのような空間的な比喩を含意するが、「問題の解決」とほぼ同義である。数学者や工学者、建築家らからなる設計方法の研究者や実務家のデザインの概念と、経済学者で人工知能研究者であるサイモンのそれは概ね符号している。広義のデザイン方法論は、デザインを「問題に対する解を導く行為」としてとらえた上で、問題から解へといたる方法の体系化を目指すものである。

1 問題——人は問題が好き

「問題」とは何だろうか？　辞書[2)]によると、

①問いかけて答えさせる題。解答を要する問い。「試験—」

②研究・論議して解決すべき事柄。「—提起」「人口—」

③争論の材料となる事件。面倒な事件。「また金銭の事で—を起こした」

などと説明されている。英語では question や problem などと、多少意味の異なる複数の言葉が該当する。けれどもこれらはいずれも「解を求める」事象ととらえることができる。解が必要とされていて、なおかつ解が自明でない場合、われわれはそれを問題と呼ぶ。問題は人を悩まし、好奇心を惹き、解く人に対価を与え、栄誉を称えてきた（図 2-1）。大人になってからも試験問題の夢にうなされる人もいれば、クロスワードパズルを解くことや推理小説の謎解きを楽しむ人もいる。こどもはみななぞなぞ遊びを好む。問題を解くことはデザインと同様に、時に厄介で時によろこびを伴う。問題は人間のみならず生物全般の関心事である。動物の試行錯誤による問題解決を研究した米国の心理学者エドワード・ソーンダイク（1874–1949）[3)]は「有機的組織体が何かを必要とし、その何かを得るために必要な行動がすぐに明らかにならない場合に、その問題が存在するといえる」と述べている。問題の歴史は生物の歴史に比肩して古い。スフィンクスとオイディプスの謎か

図2-1●アルブレヒト・デューラー「メランコリア Ⅰ」
物思いに深く沈むメランコリア（憂うつ）は芸術や創造を生む霊感の根源と考えられた。

けはギリシア神話の逸話としてよく知られる。無理難題を解いた者に褒美や栄誉が与えられる構成を持つ物語も数多い。

学問分野でも「問題と解」の図式は太古からなじみ深いものであった。古代ギリシアの哲学者ソクラテス（前470頃-前399）は真理を明らかにするための方法として、「問いを立て、それに答える」問答を用いた。これは問答法（dialectic または dialogue）や、エレンコス（elenchus）などと呼ばれる。対話によって無知や矛盾を明らかにしながら、より深い認識や真理を導く方法として知られる。日本では少ないかもしれないが欧米の大学の講義は現在でもこの形式に基づくものが多いという。矛盾を含む仮説を排除し、より良い仮説を見いだす方法であることから、後にアリストテレス（前384-前322）はこれを科学的方法の本質と主張した。20世紀半ばの哲学者のカール・ポパー（1902-1994）[4)] によると、ある言明が常に反証を受け入れ、否定されたり反駁されたりする可能性を持つことを反証可能性といい、これが科学の基本条件であるという。彼の説には批判[5)] もありポパー自身も理論の制約を認めている。けれども問答を行わない、つまりある言明が批判や議論を受け入れない、あるいは議論の手段がないならば、それが非科学に分類されることは疑いない。この問答形式による思想の叙述は西洋文明に限られるものではない。孔子（前 552–前 479）の『論語』は、「子曰く」の形式で知られるように、孔子と弟子の問答を基調としている。孔子の問答は史実によるとソクラテスよりも 150 年以上先んじている。西洋哲学の源流は問答に基づき、後に科学的方法として確立される。東洋の儒教の思考方法の源流にもまた問答が重要な役割を果たしている。西洋を源流とする自然科学の発展は明白であるが、中国からも羅針盤、火薬、紙、印刷などの科学技術や医学や薬学の学問分野が西洋に先んじて発達した。問答は人の思考の根幹に関わる優れた方法であり、探求の基盤となっている。第 1 回国際デザイン方法会議の要点にも挙げられているように、デザイン方法は問題と解という形式にあてはめられることにより、哲学や科学で洗練された方法論に立脚できるようになる。

2　問題の分類――良定義問題、不良定義問題、ひどい問題

第 1 回国際デザイン方法会議の頃、デザイン方法は「問題と解」という他の学問分野の形式の導入により、いずれはあらゆるデザイン問題が体系的な方法論のもとに解決できるようになるのでは

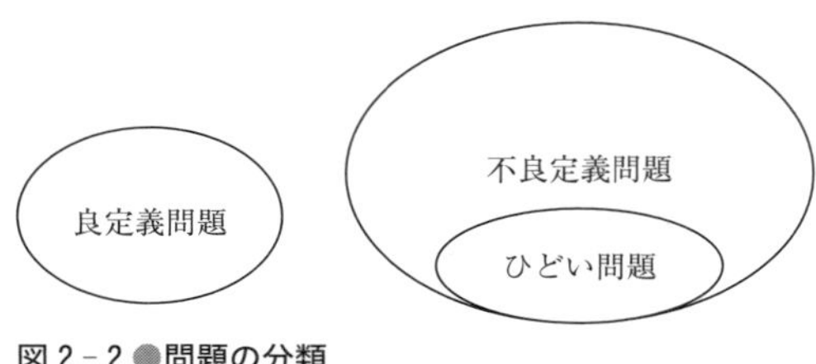

図 2－2 ●問題の分類

ないかとの期待とともに探求された。この頃に提示された問題解決に関する主な理論を概観したい。

「困難は分割せよ」とのデカルトの理論が知られるように、問題が複雑で直ちに解決の糸口が見えない場合は、まずは解釈可能な水準まで問題を分割する方法が採られることが多い。問題そのものについても「良定義問題（well-defined problems）」と「不良定義問題（ill-defined problems）」に分類することができ、後者の中には「ひどい問題（wicked problems）」が含まれる[6)]。これらの関係を図示すると図 2-2 のようになる。

「良定義問題」は、例えば入学試験問題や、連立 1 次方程式、クロスワードパズルなど、解が自明であるか、直ちに解が明らかにならない場合でも解に至る手段が用意されているような問題である。入学試験問題は必ず解答が存在し採点可能であるべきで、解がない場合や定まらない場合は、そのこと自体が問題となる。認知心理学などの問題解決の研究分野では、良定義問題は初期状態（initial state）または開始位置（starting position）、許容操作（allowable operations）、目標状態（goal state）が明確に規定されており、唯一解の存在を示すことができる問題と定義されている。

これらの特性が 1 つ以上欠けている問題を「不良定義問題」と

いい、われわれが日常生活で遭遇する問題のほとんどがこれに分類される。このような問題では一般に、解が一意に定まらない。例えば建築士試験の問題では、課題の条件を満たす建物を考案し図面として表現する必要があるが、必要室やそれらの隣接関係、面積、各種法規などを満たす計画案はいくつも存在し、考案には熟練と時間を要する。けれども可能な案の類型はたかだか数種類に限られ、客観的な採点が可能である点で、方程式やパズルの問題と類似した特性を持つ。

「ひどい問題」は、文字通り解決の道筋がなく、手のつけようのない問題で、そもそも問題性自体が明確でない[7]。最初に「ひどい問題」を定義したのは、デザイン方法研究者でウルム造形大学（ULM）の教員であったホルスト・リッテルと都市計画家のメルヴィン・ウェバー[8]だった。彼らは1973年に社会政策立案における「ひどい問題」を定義し、次のような特徴を挙げた。

1．ひどい問題には明確な定型はない。
2．ひどい問題には停止規則（何をもって「終わった」とするのかが決まる条件、すなわち終了条件）がない。
3．ひどい問題に対する解決案は、真か偽でなく、より良いか悪いかで評価される。
4．ひどい問題に対する解決案には、暫定試験も最終試験もない。
5．ひどい問題の解決はすべて一度限りの過程となる。試行錯誤により学習する機会がないため、すべての試行が肝心となる。

6．ひどい問題には、列挙可能な（あるいは網羅的に記述可能な）解決案の集合がなく、計画に用いられる明示的で採択可能な操作の集合があるわけでもない。
7．すべてのひどい問題は、本質的に唯一無二である。
8．すべてのひどい問題は、他の問題の兆候であると考えることができる。
9．ひどい問題を表す矛盾の存在は、様々な方法で説明することができる。説明の選択が、問題の解決方法を決定する。
10．社会政策立案者に間違う権利はない（つまり立案者は自らの行動の結果に責任を負う）。

これらは抽象的に記述されているので、住宅の設計を具体例に考えてみたい。

住宅の設計は少なくとも不良定義問題であることは疑いなく、ほとんどの場合ひどい問題であるといえるだろう。リッテルとウェバーの社会政策立案に関するひどい問題の10の特徴を住宅の設計に置き換えてみたい。

1．設計案は発注者や敷地、予算、工期、流行などに左右される点で定型ではない。
2．ここまで案を検討したから十分というような、設計案の探求の終了条件はない。
3．設計案の真偽は明確でなく、他の案と比べて良いか悪いかしか評価できない。
4．設計案を検証する暫定的な試験方法や、これを満たせば十分という試験方法はない。

5．すべての住宅設計は独特である点で他の経験がそのまま役立つことはなく、住宅毎の探求が重要となる。
6．可能な設計案の集合や、可能な設計方法の集合をすべて列挙することはできない。
7．すべての住宅設計は一品生産で、ある設計案を他の事例に適用することはできない。
8．住宅設計の問題解決では、つねに新たな問題を誘引し、さらなる解決を必要とする。
9．住宅設計の問題解決では、問題のどの部分を手掛かりとするかによって、解決方法が自ずと限定される。
10. 設計者はひどい問題であるからといって間違いが許容されるわけでなく、設計案には責任を有する。

3　問題解決

デザインにも問題と解という形式を当てはめた初期のデザイン方法論の研究では、問題解決の型（model）が提示され始めた。従来のデザイン方法の体系化を目指して、どのような問題解決の型が表現されたか、ここでは主な研究者や実務家の理論を概観したい。

アシモウの型——垂直・水平構造とフィードバック

米国のモリス・アシモウ（1906-1982）はUCLA（カリフォルニア大学ロサンゼルス校）で工学デザインの理論研究や教育を行う一

方、圧延や紡績の施設設計などの実践にも広く携わり、第1回デザイン方法会議が開催された1962年に『デザインへの手引き（*Introduction to Design*）[9]』を著した。この本は工学的設計方法を主眼とした内容であるが、彼の豊富な経験やデザインに対する広い見識に基づき、工学にとどまらずデザイン全般に適用可能な理論が体系化されている。第1章「工学デザインの原理（A Philosophy of Engineering Design）」に、理論の核となるデザインの原則が次のように掲げられている。

①必要性（Needs）
デザインは個人的または社会的必要性への対応でなければならない。必要性は文化の技術的要因により満たされる。

②物理的な実現可能性（Physical Realizability）
デザインの対象となるのは、物理的に実現可能な物質的なものやサービスである。

③経済的価値（Economic Worthwhileness）
デザインによって表現されたものやサービスは、消費者にとって、それを利用可能にするための妥当な費用の合計に等しいか、それを上回る有用性を備えなければならない。

④財務上の実現可能性（Financial Feasibility）
ものをデザインし、生産し、流通させる工程は、経済的に支持されるものでなければならない。

⑤最適性（Optimality）
デザインコンセプトの選択は、利用可能な選択肢の中で最適なものでなければならず、選択されたデザインコンセプトの実現方法の選択は、許容されるすべての実現方法の中で最適なものでなければならない。

⑥デザインの尺度（Design Criterion）
デザイナーは、消費者、生産者、販売者、そして自分自身の価

値判断など、相反する可能性のある価値判断のもとに、デザイン基準の妥協を行いながら最適性を確立しなければならない。

⑦形態論（Morphology）

デザインは抽象から具体への進行である。（これはデザインプロジェクトに垂直構造を与える）

⑧デザイン過程（Design Process）

デザインは反復的な問題解決過程である。（これはデザインの各段階に水平構造を与える）

⑨下位の部分問題（Subproblems）

デザイン問題を解く場合、下位の部分問題の基層が現れるので、元の問題の解は、下位の部分問題の解に依存する。

⑩不確実性の減少（Reduction of Uncertainty）

デザインは情報処理で、デザインが成功するか失敗するかに関して不確実な状況から確実な状況へ移行させるものである。

⑪エビデンスの経済的価値（Economic Worth of Evidence）

情報や情報処理には費用がかかるので、デザインの成否に関わるエビデンスの価値との均衡を考える必要がある。

⑫意志決定の基盤（Bases for Decision）

デザイン・プロジェクト（またはサブ・プロジェクト）は、その失敗を確信するに至った時点で終了するか、あるいは採択可能な解に対する確信が十分高く、次の段階に必要な資源の投入を正当化できる場合に継続される。

⑬最小限の関与（Minimum Commitment）

デザイン問題の解決過程では常に、行き過ぎた関与は将来のデザイン決定を固定化してしまうので、当面解決すべきことの範囲で関与すべきである。これにより最大限の自由をもってデザインの下位の部分問題の解を導くことができる。

⑭情報伝達（Communication）

デザインは対象物の記述で、その生産のための規定であるので、可能な伝達手段で表現された程度でしか具体化できない。

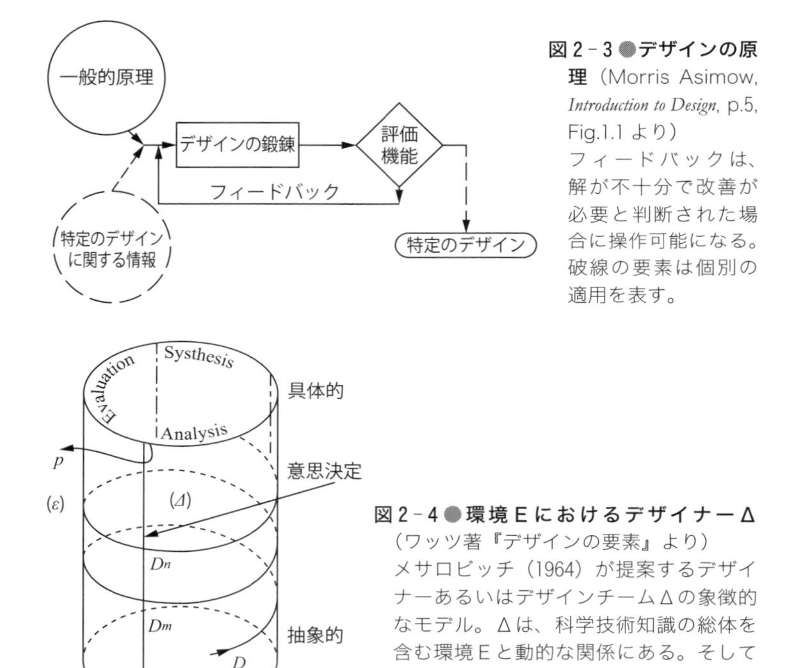

図 2-3 ●デザインの原理（Morris Asimow, *Introduction to Design*, p.5, Fig.1.1 より）
フィードバックは、解が不十分で改善が必要と判断された場合に操作可能になる。破線の要素は個別の適用を表す。

図 2-4 ●環境 E におけるデザイナー Δ（ワッツ著『デザインの要素』より）
メサロビッチ（1964）が提案するデザイナーあるいはデザインチーム Δ の象徴的なモデル。Δ は、科学技術知識の総体を含む環境 E と動的な関係にある。そして Δ は、Δ の表面に表出されるように、分析、合成、評価のプロセスを実行し、意思決定に至る。

図 2-3 は同章の図である。この図および上記の⑦、⑧には、アシモウの問題解決の型が特徴的に表れている。デザインを情報処理とみなし、⑦垂直構造と呼ばれる、抽象から具体への解の進行と、⑧水平構造と呼ばれる、反復的な問題解決過程、および図中のフィードバック回路で表現している。この垂直、水平構造を持つ問題解決の型は、セルヴィアの科学者メサロビッチの「アイコ

ニックモデル」により視覚的に表現されている（図2-4[10]）。水平方向の分析→総合→評価の過程の回転を繰り返すことで、抽象から具体へと案が螺旋状に遷移して行き、最終的に外部に伝達される仕組みが明快に表現されている。

ジョーンズの型――思考の外部化

英国ウェールズ出身のデザイナー、ジョン・C・ジョーンズは第1回国際デザイン方法会議の提唱者で、「システマティックなデザイン方法（A Systematic design methods）」という論文を発表している。著書『デザインの手法――人間未来への手がかり（*Design Methods : seeds of human futures*）』[11]では、従来のデザイン方法が、複雑化する社会や消費者の要求に対応できなくなっているとの問題意識を提唱した。彼は、新たなデザイン方法に対する見方のうち最も単純で一般的なものは、分析、総合、評価の3つの基本的な段階を含むことと述べ、アシモウらの型を引用している。ジョーンズはこの三段階を改めて、発散（divergence）、変換（transformation）、収斂（convergence）とも名付けている。発散により広範な代替案を得て、変換により問題を再定義したり制約や優先順位を明確にしたりし、収斂により不確定要素を減らして最終的な解を導くと述べている。

ジョーンズ自身は必ずしも合理的なデザイン方法に全幅の信頼を寄せているわけでなく、新しいデザイン方法の主な狙いは、それまでデザイナーが自らのうちに閉ざしていた思考を外部化することと、その思考を、直感的手法（ブラック・ボックス的思考）、合理的思考（グラス・ボックス的思考）、手続き的思考（思考につ

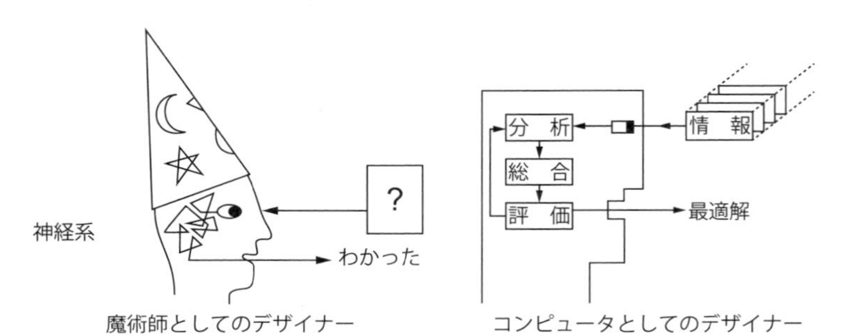

図 2-5●魔術師としてのデザイナーとコンピュータとしてのデザイナー
（ジョーンズ『デザインの手法』p.46, 50）
従来の「ブラック・ボックスとしてのデザイナー」に対して「グラス・ボックスとしてのデザイナー」の有効性を唱える一方、デザイン過程の分解が破壊的な影響を与えることも指摘している。

いての思考）という3つの範疇に分けることであると述べている（図2-5)。あるデザイナーがいかに有能であっても、システム・レベルのデザイン行為には、重要な多数の新たな事実やアイデアが存在する。宇宙開発、化学プラント、電話システムなどのデザインは、デザイン思考を外部化することなくしては成し遂げられなかったとする一方で、このようなデザイン過程の分解が、デザイナーやデザインチームに破壊的な影響を与えることを、デザイン方法論者は見落とす危険があるとも述べている。解や解に至る道筋が不明な新たなデザイン問題に対する体系的な方法として、ジョーンズの型は当時注目された。

アーチャーの型——サイバネティクスの導入と創造性の重視

英国のブルース・アーチャー（1922-2005）は、前述のULMや

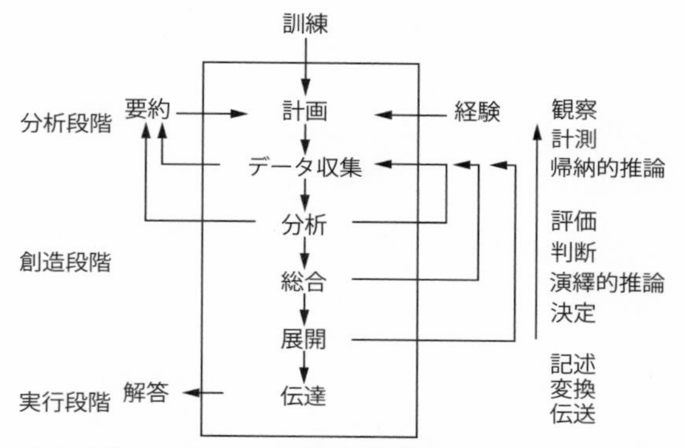

図２−６●アーチャーのデザイン過程の型（L. Bruce Archer, "Systematic method for designers" より筆者作成）

英国王立美術大学の研究者であるとともに、病床デザインの標準化などで豊富な実務経験を有する。研究においても発表論文「デザイナーのためのシステマティックな方法（Systematic method for designers）」[12)]、「デザインプロセスの構造（The structure of the design processes）」[13)] は多分野で広く参照され、デザイン方法論に大きな影響を与えた。アーチャーもまた、当時普及し始めたマーケティング手法、製造方法の発展、新素材の発明、ユーザーの要求の多様化、高度化などのデザインを取り巻く状況の変容に対して、それまでの彫塑的、工芸的であったデザイン手法を工学的にとらえ直し、体系化することを提唱した。

アーチャーが提案するデザイン過程は図 2-6 のように一般化される。彼の提唱する型の特徴は、生物の制御機構にみられる「フィードバック回路」を有することと、「創造的局面（Creative Phase）」を問題解決過程の中心に位置付けていることとされている。このフィードバック回路は当時研究がさかんであったサイバネティクス（Cybernetics）と呼ばれる、機械制御に生物の反応機構を融合させようとする理論に基づいている。動的な環境の中で安定的に平衡状態を保つ有機体は、ある行動の結果として得られる状態の、目標状態との差異に基づいて次の行動を調整するような制御機構を持つ。当時の先端的なサイバネティクス理論を機械制御にとどまらず、デザイン過程にも適用している点に特色がある。アーチャーのデザイン過程のもう一方の特徴である創造的局面では、あらゆる類推（analogy）を試みることや美学の重要性を指摘している。一方、彼はデザイン過程において創造性が最も重要と主張したが、創造性をいかにもたらすかという方法論の提示には至っていない。

初期デザイン方法論の特徴

アシモウ、ジョーンズ、アーチャーという、第1回国際デザイン方法会議当時のデザイン方法論研究者の理論を改めて眺めると明確な共通性があり、そこから当時のデザイン方法研究への期待や共通認識、課題などが窺える。

まず、三者はいずれも生産施設や建築の設計といった工学的デザインを専門としている。彼らの研究や教育は、ものづくりに関する豊富な実務経験に裏付けられている。机上の理論を現場の実践に活かすというよりもむしろ、現場の実践の中で課題や困難性に直面して従来の方法の限界を認識し、それらを打開しようと体系化された方法論を編み出すに至ったことが分かる。また、それまでの漠然とした個人的なデザイン過程を、分析—総合—評価、あるいは発散―変換―収斂といった主立った局面に分割し、各局面の合理的な取り組み方を提案している点や、当時の先端的な理論であったサイバネティクスや数学や計算機科学をデザイン過程に取り込むことで、より合理的な方法を見出そうとする点は三者に共通している。

けれども同時に、デザイン過程の一般化を目指して提示された理論はいずれも抽象性が高く、現実の具体的なデザイン問題との乖離が大きいことから、必ずしも実践的な成果をもたらさないといった批判も受けた。ただし実務家でもある三者は理論の制約は十分認識しており、新たなデザイン方法に過度に期待することなく、その限界や課題、あるいは今後の発展の余地を冷静にとらえていたことが彼らの理論や言説から窺える。多様なデザイン問題の解決過程を一般化して体系的に扱う理論を構築することは、それ自体がひどい問題であり解決は容易でない。それまで非明示的に、あるいは各々独自の方法で行われていたデザインを、人工物全般のデザインとして一般化して理論研究の俎上に載せ、デザイン方法論の端緒を開いたこと自体が大きな成果であったと考えられる。

第3章 *Chapter 3*

問題解決の周辺理論

心による問題解決

しかし人間にはもう一つ強力な手段がある。厳密に客観的な方法を持つ自然科学である。

イワン・パブロフ（ノーベル賞受賞講演録[1]より）

なぜ20世紀半ばにデザイン方法論が誕生し、多分野の研究者や実務者らを巻き込みながら盛んに国際会議が開かれるまでになったのか。産業革命からアーツ・アンド・クラフツ運動、バウハウス、ULMにかけて、欧州の社会のデザインをめぐる伝統的な価値観と科学を重視する新たな価値観との間の揺動については前章で概観した。デザインの潮流はデザイン分野の内から湧き起こるだけでなく、各時代の社会背景や技術、学問といった外からの影響を強く受ける。本章では、デザイン方法論に影響を与えた学問分野の理論の経緯についてみていこう。

問題解決などの人の心理や行動に関する理論は、伝統的に心理学の分野で発展した。1960年代以降のデザイン方法理論に基盤を与えた心理学の諸理論の起源は少なくとも19世紀末までさかのぼることができる。学問の理論や知見は必ずしも実践を目的とするものでないため、抽象的で厳格で、場合によっては精彩を欠くように見えるかもしれない。ある学問分野が発展するとそれまで分からなかった知見に光があたるが、いずれさらに手強い問題があらわれて行く手を阻み、思うように目標に近づけない。が、現在にいたるデザイン方法論の流れをとらえる上で、問題解決をめぐる心理学や認知科学、計算機科学などがどのように連関しているかをとらえることは不可欠であり、今後の動向を予測するためにも役立つ。ここではデザイン方法理論がどのような先行研究の影響を受けて誕生し、その後の発展につながるのか俯瞰したい。

1　構成主義心理学と機能主義心理学

いかによいデザインを行うか、あるいはいかにうまく問題を解決するかといった事象に向き合うには、人の思考や心理を扱う必要がある。伝統的にそれらを研究してきたのは心理学であった。依頼人に求められるデザイン、あるいは自らが求めるデザインを解明することは、依頼人や自己の心理を正しく知ることでもある。しかし心をとらえることは容易ではない。心の領域は哲学や宗教の分野でも探求されてきたが、ここでは近代以降の科学的方法による研究の経緯を把握したい。まずは、デザイン方法論の誕生に大きな影響を与えたと考えられる、構成主義心理学と機能主義心理学を紹介しよう。

高名なドイツの生理学者H・ヘルムホルツの助手であったW・ブント（1832-1920）は、実験心理学の父として知られるが、意識の分析に実験と観察を用いる新たな心理学を提唱した。その手法は内観法と呼ばれ、被験者が自らの意識の内容を観察し、報告するものであった。自然科学の方法を心理学に応用する点に新規性があり、ドイツのライプチヒ大学に最初の心理学研究室を創設して実験心理学の原初を構築した。ブントは、意識は原子や分子といった物質の構成と同様に、感覚や感情といった要素の組み合わせから構成されると提唱した。ブントの研究室で学んだE・ティチェナーが米国に渡り主導した分野は構成主義心理学と呼ばれた。

一方、欧州を起源とする、意識とは何かを解明する構成主義（constructivism）に対して、意識は何のためにあるかを解明する研究は機能主義（functionalism）と呼ばれ、米国を中心としてW・ジェームズやJ・デューイ（1859-1952）らにより研究が進められた。彼らの立場は哲学の分野では、行為や事物を意味するプラグマ（pragma）に由来するプラグマティズム（pragmatism：実用主義）と呼ばれた。彼らは欧州を中心とした、観念や理念といった観察や経験が不可能な事象を対象とする研究方法を批判し、行為やその結果を観察して思考や概念を科学的に実証することを目指した。パース（本書第5章「推論」で詳解）やジェームズ、デューイらのプラグマティズムは、後に米国思想の中核となる行動主義（behaviorism）に影響を与えた。デューイの1910年の著作『*How We Think*（思考の方法）[2]』では問題解決的思考について次のように述べられている。

各事例を検討すると、多かれ少なかれ5つの手順に論理的に区分される。

(i)　困難を自覚する
(ii)　困難の所在と定義を知る
(iii)　可能な解を提案する
(iv)　解の意味を推論し発展させる
(v)　さらなる観察と実験により、その解を受け入れるか拒否する。つまり信じるか信じないかの結論を導く

これは分析(ii)—総合(iii)—評価(v)の三段階を含んでおり、前述のアシモウ、ジョーンズ、アーチャーらの型によく類似していることが分かる。デューイらのプラグマティストの先行研究はその後の三者のデザイン方法理論に基盤を与えていたと考えられる。ただし三者の型に特徴的であったフィードバック回路は、サイバネティクスなどの研究が行われていない当時のこととあってか、ここにはまだ見られない。デューイはまた、「行いから学ぶ（Learning by doing）」という概念も提唱している。これはまさに後章で紹介する「デザイン思考」に通じる概念である。思考は何のためにあるか？　実践のためである、という明快な実用主義的思想が表れている。

2　行動主義心理学

行動主義は、上述のように米国で基調をなしていた機能主義心理学やプラグマティズムの潮流を背景の一つとして創設された理論である。シカゴ大学のJ・B・ワトソン（1878–1958）[3)]は、心理

学が自然科学の方法論に立脚するために、外部から客観的に観察できる行動を研究対象とすることを提唱した。つまり外部から観察不可能な意識や内観でなく、刺激に対する反応といった観察可能な行動を対象とする実証的な研究を目指したのである。彼は、自然科学が未知の法則発見や法則による予測を目的とするように、心理学の目的は行動の法則を定式化して行動を予測可能にし、行動を制御することであると定めた。このような考え方は行動主義（behaviorism）と呼ばれた。

刺激（S：Stimulus）と反応（R：Response）の結合が行動の単位となるという考え方（S-R 理論）は先行研究のパブロフの条件反射説やソーンダイクの試行錯誤説から影響を受けているとされる。「パブロフの犬」として知られる条件反射実験は、生理学的反射で唾液を分泌する「餌（無条件刺激）」を犬に与えるときに「ベルの音（中性刺激）」を聞かせると、やがてはベルの音だけで唾液を分泌するようになることを明らかにした。餌、ベルの音が刺激(S）で、唾液分泌が反応（R）に相当する。図 3-1 はソーンダイクの研究[4]で用いられた「猫の問題箱」として知られる実験装置である。箱は中のひもを引くと扉が解錠される仕掛けとなっている。空腹の子猫に入ってもらい、箱の外に餌を置く。猫が餌を食べたい気持ちや、外に出ようとする意思、出る方法の推論過程などを観察することは不可能であるが、ソーンダイクは猫の行動の観察を通してそれらを考察した。箱の仕組みが分からない猫は扉を押したり引っ掻いたりとむやみに行動を始めるが、いずれ偶然ひもを引くと扉が開き餌にありつける。残念ながら餌はすぐさま取り上げられ、再び箱の中に戻される。これを繰り返すと、次

図 3－1 ●猫の問題箱として知られる実験装置（E. Thorndike（1898）掲載の Fig.1 を引用）

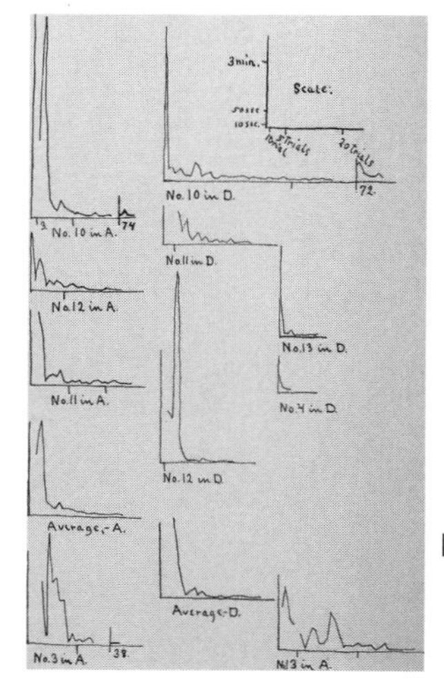

図 3－2 ●実験回数（横軸）が増えると脱出までの時間（縦軸）が短くなることを示すグラフ（E. Thorndike（1898）掲載の Fig.2 を引用）

第にそれまでよりも短い時間で、失敗の行動を減らして脱出できるようになる（図 3-2）。猫は予測ができてひもを引いたわけではないが、ひもを引くと目的が達成されるという因果関係を習得する。これはソーンダイクの試行錯誤説として知られる。

S-R 理論の単純明快な論理は広く支持されたが、一方で複雑な生体行動を扱うには課題があった。1943 年、心理学者の C・L・

ハルはS-R理論のSとRの媒介に、生体の遺伝的、性格的、器質的要因などを含む有機体（Organism）を挿入するS-O-R理論を提示した。これにより、同一の刺激や状況下で生体が異なる行動を示すことの説明などが可能となり、行動主義の理論が補強された。ハルらの理論は新行動主義心理学と呼ばれて北米を中心にさらに発展することとなった。これは入力—演算—出力という計算機の情報処理に類似することから、後に生体を情報処理システムとみなして認知活動や心的過程を研究する認知心理学の誕生の機縁となる。

3　ゲシュタルト心理学

意識は感覚や感情の結合によって構成されるという機能主義や、意識は個別の感覚刺激や反応に還元することができるという行動主義の仮説を批判し、意識は個別の要素に還元できない全体的な構造から規定される、あるいは全体が備える特性は部分の総和では得られないと提唱したのがゲシュタルト心理学（Gestalt psychology）である。創始者の一人であるM・ウェルトハイマー（1880-1943）は、２つの図形を連続して提示するとあたかも図形が移動したり回転したりするように知覚される場合があること、つまり単なる個別の図形の視覚刺激が運動という高次の知覚を導くことを実験により示し、それらを「仮現運動（apparent movement）」と名付けた。他の事例として、移調した旋律と元の旋律と比べると、個々の聴覚刺激の音は相違していても、全体の旋律に共通性があると認識できることなどが知られる。またW・ケーラー[5)]は、類人猿による問題解決実験を行い、単なる個別の試行錯誤的な試行にとどまらない、課題全体を見通す「洞察学習」を発見した。

心理学のその他の研究動向では、構成主義が意識のみを研究対象としていることに対してS・フロイト（1856-1939）は、無意識の精神活動の重要性を提唱し、精神分析（psychoanalysis）の分野を拓いた。人間には無意識の過程が存在し、人の行動は無意識によって左右されるという仮説を立てた。精神分析は後の臨床心理学の基盤を提供することになるが、精神分析の理論が反証可能性を持たないことなどに対するポパーらによる批判もある。

以上のように、人の思考や問題解決研究で先行し主流をなしていた心理学の諸理論の推移を概観すると、構成主義が実験と観察による自然科学の方法の適用を行い、意識の要素還元を試み、機能主義や行動主義、プラグマティズムが意識を刺激と反応の単純な図式でとらえる一方、ゲシュタルト心理学は要素還元できない事象を示し、精神分析が無意識の領域に光を当てた経緯が見られる。デザイン方法の理論研究も、それまで暗黙的で未分化のデザイン過程を、基本的な局面（分析―総合―評価）に分割することで科学的方法の適用や体系化を目指す一方、要素分解できない独創的な過程や無意識的な思考、洞察、創造性などの扱いに苦慮し、理論の限界に直面して批判を受けながら揺れ動いた過程が見られる。初期デザイン方法論の理論は、構成主義心理学から機能主義心理学、プラグマティズム、行動主義へと至る心理学や哲学の思想や科学的方法の発展から重要な理論的基盤を導入していたと考えられる。

ゲシュタルト心理学は、ひらめきや洞察といった人の創造的な問題解決の心的過程を研究対象として様々な実験を行っている。幾つかの興味深い事例を紹介したい。

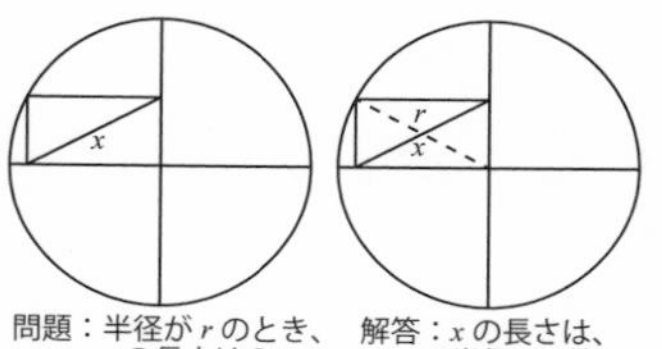

図３－３●再構造化実験

再構造化と洞察

ゲシュタルト心理学派は､問題を意識の中でどのように表現(表象）し、その内的表象をどのように再構造化して問題解決を行うかという観点で研究を行った。例えば、半径 r の円の中心と、円周上の点を頂点とする図のような長方形の x の長さを求める問題が与えられた場合、x が長方形の対角線であるという内的表象が得られると、長方形の２本の対角線は等しいので x ＝ r との推論に至る（図 3-3)。問題の表象を変化させる過程を再構造化(restructuring）と称し、ある時点で突然解法に思い至る「洞察(insight)」を重視した。解法が不明で悩む中でひらめきを経験（aha experience）すると感動を伴うことが知られている。

機能的固着、心的構え

図 3-4 の A のようなマッチ、箱に入った画鋲、ロウソクといった材料で、「床にロウを垂らさないように火を灯したロウソクを板壁に固定するにはどうすればよいか」という問題は、ゲシュタルト心理学派の心理学者 K・ドゥンカーによるロウソク問題[6)]として知られる。B の正解にたどり着くには、画鋲の入った箱を

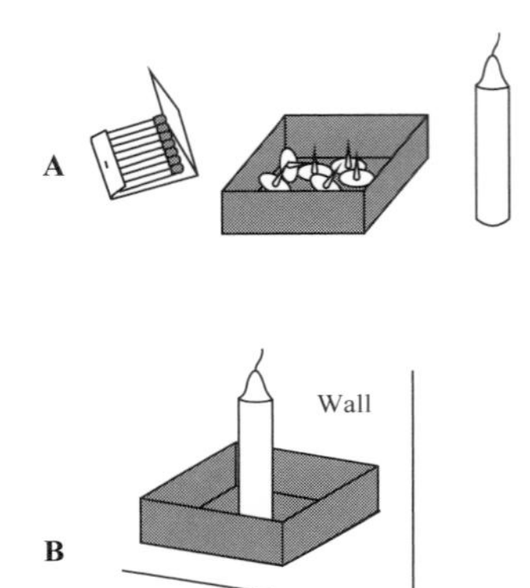

被験者はロウソクを壁に立てるよう指示される。
図Aのような画鋲、ロウソク、マッチが与えられる。
正解は図Bのようになる。

図3-4●ロウソク問題（ドゥンカー著『問題解決』(1945) より筆者作成）

積極的にロウソクの台として用いることを思いつく必要があるが、多くの人は単なる画鋲の入れ物とみなしてしまい、マッチ、画鋲、ロウソクのみで問題を解こうとする。ある対象に対する特定の観念に囚われると、対象の別の観点からの認識が阻害されてしまうことを「機能的固着 (functional fixedness)」と呼ぶ。またこれと同様に問題解決を妨げる概念として、人が過去の経験に基づく特定の方策で反応する傾向は「心的構え (mental set)」と呼ばれる。

問題表象の転換

問題解決に際して、上でみたような機能的固着や心的構えに囚われず、再構造化により問題表象を転換することの有効性を示す研究がある。1990年に発表された、C・カプランとH・サイモンの欠けたチェス盤問題[7]の実験は、問題の表現方法が問題解決に影響をおよぼすことを示した。問題は、図3-5のような縦横8ますのチェス盤があり、対角線上の2隅のますを取り除いたとき、残りのます目を31個のドミノ牌で覆うことは可能かどうかというものである。ただし1つのドミノ牌は隣接する2ますを覆うこ

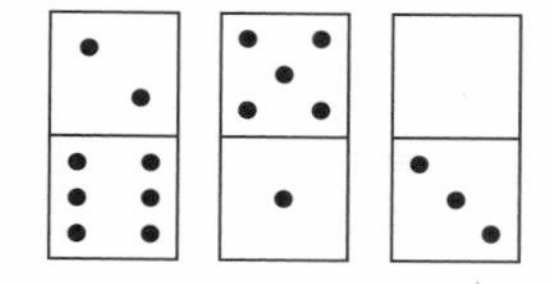

図 3－5 ●欠けたチェス盤問題

とができる。この問題はチェス盤のドミノ牌による完全被覆問題にちなむものである。一般に m × n のます目の完全被覆の場合の数の計算にはフィッシャーによる三角関数を用いた公式が知られ、それによるとチェス盤の完全被覆の場合の数は 12,988,816 通りとなる[8)]。この計算がそれほど容易でないことを知る人ほど「これはなかなか難しい問題だ」などの心的構えに陥るかもしれない。カプランとサイモンは、次のような４通りのチェス盤の表現で出題した場合の平均解答時間を計測した。

①黒と白のます目のチェス盤のまま変更なし
②黒と白のます目を黒と桃色に変更
③黒と白のます目に BLACK と PINK という単語を記入
④黒と白のます目に BREAD と BUTTER という対語を記入

この問題解決では、１枚のドミノ牌は必ず隣接する２ますを覆うこと、つまり白と黒の異なる2つのます目を覆うこと、そして白のます目の総数は黒のます目の総数より少ないことに気付けば、欠けたチェス盤をドミノ牌で覆うことはできないことが分かる。実験の結果、④は①の2倍以上の速さで解答することができ、必要としたヒントも約3分の1と少なく、②と③の成績は①と④の間であった。32足の靴があり、右足の靴を2つ失ったら、31人が靴を履くことは可能か、と問題表象を転換するとさらに解答が容易になるのではないだろうか。

これらの研究事例のように、ゲシュタルト心理学はひらめきや洞察を呼び起こし、創造的な問題解決を行うための条件を明らかにしようとしたが、その仕組みや原理を実証することはできなかった。問題解決に関する研究の行き詰まりを解消するには次節の認知心理学の誕生を待つ必要があった。

4　認知心理学

1950年代頃に計算機（コンピューター）が著しい発展をみせ、社会や人々の生活に多大な影響を与え始める。計算機による情報処理の合理性や演算能力、人を上回る知能の獲得への期待は一方で、有機体も計算機の情報処理に類する何らかの内部機構を有するからこそ高度な生体活動を営んでいるのではないかとの類推に妥当性を与えた[9)]。ゲシュタルト心理学は問題解決に表象の再構造化、機能的固着、心的構えなどが関与していることを明らかにしたが、問題解決の心的過程の実証にはいたらなかった。これに対して、生体の認知活動を情報処理の一種ととらえて研究しようという新たな動向が確立される。この革新的な概念転換により心理学やデザイン方法研究を覆っていた停滞の殻が破られ、新たな学際的研究分野が各方面に拓かれてゆくことになる。1956年に誕生したとされる認知科学は現在にいたるまで心理学分野の主流を占め続け、当時の心理学学際研究領域の変革は認知革命（cognitive revolution）とも称されている。

ここで認知心理学の萌芽の背景にある計算機の誕生と発展について概観したい。計算機の発展を取り巻く主な事象は、次のように第二次世界大戦をはさんだ20世紀半ば頃に生じている。この頃はちょうど心理学もデザイン方法論研究も大きな変革を迎えた時期にあたる。

1936年：アラン・チューリングがチューリングマシンの概念を提示[10)]

1946年：真空管デジタル計算機（ENIAC）

1952年：プログラム内蔵型商用計算機（IBM701）

1958年：集積回路（IC）

英国の数学者チューリング（1912–1954）は計算を行う自動機械の数学的なモデルとしてチューリングマシンを考案した（図3–6）。この仮想機械は、ます目に分かれた任意の長さのテープと、テープ上を移動し、ます目の記号を読み書きできるヘッドから構成される。ヘッドはただ一つの状態を持つことができ、読んだ記号と現在の状態の組み合わせから次の行動を決定する。ヘッドは①左右いずれかに１ます移動、②現在のますに記号書き込み、③内部状態を変更、の３種類の行動をとることができる。これらは

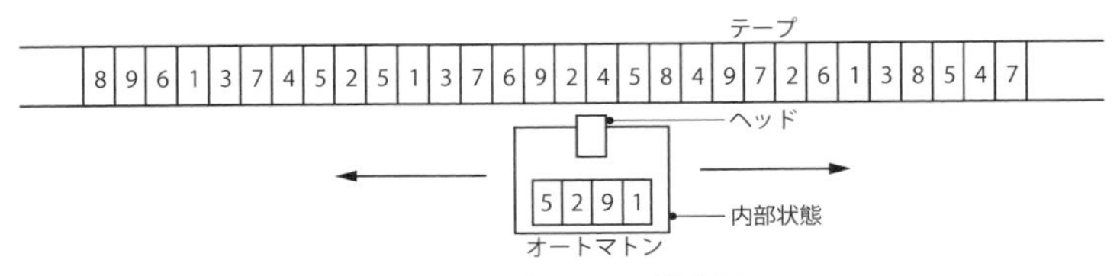

図 3-6 ●チューリングマシンの概念図

ハードウェアに相当する。この仮想機械に有限個の記号の定義、記号列が書き込まれたテープ、ヘッドの状態を変更する規則の集合を与えると、規則に従って終了状態に到達するまでヘッドが動作し続ける。終了時にテープに記された記号列が計算結果を示す。理論的には全ての数学の形式体系はこの仮想機械の動作に還元することができる。これらはソフトウェア（アルゴリズム）に相当する。

その後広く普及する電子計算機の大部分は、ハンガリー出身の数学者フォン・ノイマン（1903-1957）によって提唱された基本構成を持つことからノイマン型と呼ばれる。ノイマン型の計算機はチューリングマシンを実現可能な範囲で実装したものととらえられる。一般に記憶、演算、制御、入出力の機能が備わり、テープやキーボードからの入力（Input）に対して記憶、演算、制御機能を用いた結果としてテープや画面に出力（Output）を行う。入力―（記憶、演算、制御）―出力という情報処理のモデルは、行動主義やその後の新行動主義の S-O-R 理論（刺激―生体内機構―反応）の型を類推させる。1950 年代の認知心理学の萌芽はこのような計算機科学分野の発展や社会への普及と同期しているのである。

同様に初期のデザイン方法理論にも、やはり計算機の情報処理理論の影響が見られる。分析―総合―評価といったデザイン過程のモデルには、サイバネティクスによる再帰的なフィードバック回路や、解の探索、問題空間といった情報処理の用語が随所に用いられている。

なお、認知心理学の萌芽期に重要な役割を果たした文献の一つに、ニューウェル、ショー、サイモンによる論文「人間の問題解決についての理論の諸要素（Elements of a Theory of Human Problem Solving）[11]」がある。結論は次のような言葉で結ばれている。「高次の精神機能の理論や心理学を悩ませてきた曖昧さは、現象がプログラムとして記述されると解消する。本稿は人間の問題解決に関する操作可能な理論の構築の端緒としてこの手法を提示した。学習、知覚、概念形成の理論への適用においても同様に成果が得られると信じる。」

ニューウェル、ショー、サイモンは、精神や心理を情報処理としてとらえることで実証的な研究の可能性を示した。サイモンは第１章でみた『システムの科学』の著者で、この当時はカーネギーメロン大学の心理学、計算機科学の研究者であった。後に人工知能への貢献からチューリング賞、経営行動と意思決定に関する研究でノーベル経済学賞などを受賞している。認知心理学と計算機科学の研究者であるニューウェルはサイモンとともに問題解決理論の研究を発展させ、カーネギーメロン大学に人工知能研究所を創設し、プログラマーのショーとともに初期の一連の人工知能プログラム（Logic Theorist, GPS, Soar）を開発した。このうち Logic Theorist は、英国の２人の哲学者、A･N･ホワイトヘッドと B･ラッセルの共著による数学原理の著書『プリンキピア・マテマティカ

(*Principia Mathematica*)[12]』の定理を人工知能が証明できることを示した最初のプログラムとして知られている。

このプログラムには、その後の人工知能研究で重要な役割を果たす次のような概念が導入されている。第一に、推論を経路探索木（search tree）としてとらえた。根（root）は初期状態の仮説で、分枝は演繹的推論を表す。枝の到達先が目標（goal）つまり証明しようとした命題となる。一連の枝の連続が証明の過程を示すことになる。第二に、発見的手法（heuristics：ヒューリスティクス）を用いた。探索木は分岐により指数関数的に成長するので、解に到達しそうにない経路の枝を剪定する必要があった。このようなその場しのぎの経験的な手法を「ヒューリスティクス」と呼んだ(次節で詳しく説明する)。第三に、Logic Theorist の実装のために IPL（Information Processing Language）というプログラミング言語を開発した。IPL はリスト、連想（association）、スキーマ（schema）、動的メモリ確保、データ型、再帰呼び出し、連想探索（associative retrieval）、引数としての関数、ストリーム、協調型マルチタスクなどの一般問題解決のための要素を備えている。IPL はその後、人工知能研究の先駆者ジョン・マッカーシーにより開発され、現在でも人工知能研究に用いられている言語である LISP の基盤となった。

5 ヒューリスティクス（発見的手法）

ニューウェルとサイモンは問題解決を、枝分かれする樹状構造における経路探索ととらえた。彼らは、このような問題解決は次のような４つの要素から構成されると定義した。

①初期状態（initial state）：問題の初期状態
②目標状態（goal state）：問題が解決された時点の状態
③中間状態（intermediate states）：初期状態から目標状態に至る経路上のそれぞれの状態
④演算子（operator）：採用可能な手段

ここでは問題解決を情報処理とみなし、初期状態から、複数の演算子を逐次適用し、様々な中間状態を経由しながら、目標状態に至る経路を探索することに置き換えている。問題解決を①〜④の要素による情報処理の過程ととらえる概念は、現在の状態や終了時の状態、過程の各状態に対する操作から構成されるチューリングマシンの原理に対応する。目標状態に到達するかどうか、短い効率的な経路で到達するか、回り道をして到達するかは不確定のまま探索が進められる。必ず正解に到達するわけではないがある程度正解に近い良好な解に到達する方法が、上でも触れた「ヒューリスティクス（heuristics：発見的手法、経験則）」と呼ばれるものである。ヒューリスティクスという用語は計算機科学分野、心理学分野の両方で用いられ、両分野の重要な概念となっている点が特徴的である。計算機科学ではプログラミングの方法、心理学では人間の思考方法に対して用いられる。

人間は問題解決行為や、生活の様々な意思決定でヒューリスティクスを常用しているとされる。成人は毎日約35,000回の意識的な意思決定を行っており、食べ物に関することだけでも221

回の決定を行っていたという報告もある[13)]。最良解に到達するには探索空間が広大で時間がかかり過ぎ、また必ずしも最良解が必要とされていないなら、ヒューリスティクスによりある程度良好な解を甘んじて受け入れることで、時間や労力を節約した現実的な問題解決が可能となることが知られている。何を食べるか、どこへ出かけるかといった日々の選択から、どんな職業に就くか、だれと所帯を持つかといった人生の決断まで、あらゆる場面でヒューリスティクスが介在している。サイモンは『経営行動(*Administrative Behavior*)[14)]』の中で、経済主体は合理的であろうと意図するが、限られた合理性しか持ち得ないという「限定合理性(bounded rationality)」の概念を提唱している。それによって彼は、経済主体は効用などの目的関数の値を最大化するのでなく、達成希望水準を満たせば、目的関数の値をさらに向上させるために代替案の探索を続けることはないという「満足化仮説」を示した。これらはヒューリスティクスの特徴をよく表す理論で、計算機科学と心理学をまたぐ認知心理学の主要な概念を形成している。

また、ヒューリスティクスによる問題解決手法として、ニューウェルとサイモンは「手段目標分析(Means-Ends Analysis：MEA)」を提案した。MEAでは、現在の状態と目標状態との差異を把握し、その差異を縮小する操作を選択することで、次の現在状態に移行する。現在状態が目標状態となるまでこれを繰り返す。この時、重要な差異を優先的に縮小することによりMEAの性能を向上させることができるという。MEAをもとに、ニューウェルとサイモンは「一般問題解決器(General Problem Solver：GPS)」と称する汎用問題解決プログラムを開発した。GPSの問題解決方法の特徴は、直ちに目標状態にいたる経路が明らかでない場合、目標状態にいたる経路上の中間状態を下位目標（sub goal）として設定する点にある。下位目標にいたる経路も明らかでない場合は、さらにその下位目標にいたる経路上の中間状態を新たな下位目標に設定する。これを再帰的に繰り返すことでいずれ下位目標にいたる経路が自明となる局面に到達することができ、このとき目標状態にいたる経路全体もまた自明となる。ここでは下位目標に向かって探索する前向き探索（forward search）だけでなく、下位目標から現在の状態に向かってさかのぼるように探索する後ろ向き探索（backward search）も用いられる。GPSは定理の証明や幾何学の問題、チェスの戦略など任意の形式化された記号問題を解くことができた。心理学者K・ダンバー[15]はGPSによるハノイの塔（Tower of Hanoi）問題の問題解決方法を説明している。ハノイの塔問題とは次の規則のもとで全ての円盤を別の杭に移動するパズルである（図3-７）。

・３本の杭と穴の開いた大きさの異なる複数の円盤がある
・初期状態ではすべての円盤が下から大きい順に積まれている
・１回の操作で１枚の円盤を移動できるが、それより小さな円盤の上に重ねることはできない

目標状態への最短経路は図3-7右の1から2、3と、番号順に8までいたる経路であるが、回り道をしても目標状態にたどり着くことはできる。GPSは下位目標を設定するのが特徴だが、ここでは3や6の中間状態が分かりやすい下位目標となる。例えば6は最も大きな円盤が目標状態の杭の一番下に置かれ、その他の

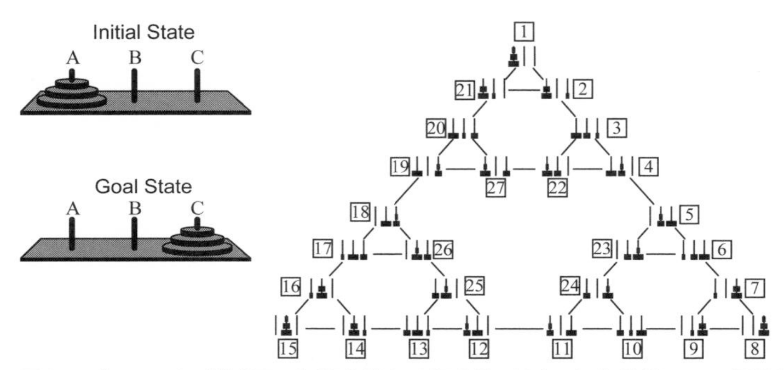

図 3 - 7 ●ハノイの塔問題の初期状態と目標状態（左）、初期状態から目標状態への経路探索図（右）（筆者作成）

2枚の円盤がそれぞれ異なる杭に1枚だけ置かれている状態で、ここから目標状態に至る道筋は明らかである。初期状態から6に至るに道筋が自明でなければ、3のような全ての円盤が異なる杭に置かれている状態（図3-7左）をさらなる下位目標とすれば、それに至る道筋が明らかになるのではないだろうか。ここでは前向き探索（forward inference）とともに後ろ向き探索（backward inference）も有効であることが分かる。このような手続きによりいずれ初期状態から目標状態への道筋が自明となり、その時点で問題の解が得られたことになる。円盤が3枚なら7回の操作で目標にいたるが、円盤が増えると必要な操作の回数が指数的に増える（nを円盤の枚数とすると、操作の回数は$2^n - 1$回となる）ことが知られている。

GPSは一般的な問題解決行動をモデル化することで人間の思考の一端を明らかにすることを目指していたとされるが、ハノイの塔問題のような単純なパズルを超える現実の問題への適用は容易ではなかった。一般問題解決器（GPS）というよりもネットワーク探索器と呼ぶのがふさわしいといった批判[16]もあった。しかしながらGPSは現在の人工知能の原則となっている、プログラムの知識を記述する部分と手続きを記述する部分の分離などの特徴を先んじて備えており、その後の人工知能研究をはじめ認知心理学の発展にも貢献した。

6　その他の問題解決理論

ここでは、主に認知心理学分野の問題解決に関するその他の理論も取り上げて概観したい。

類推（analogy）

複数の事物間に類似した性質があるとき、「類推（analogy）」という推論がなされる。アナロジーは比例を意味する古ギリシア語のanalogiaに由来するとされる。ロウソクの問題を紹介したゲシュタルト心理学者のドゥンカー[17]は、類推により過去に経験した問題の解法を新たな問題の解決に活用することを示した。

ここで、「分散攻撃物語」と「放射線問題」という心理学の実験例を見てみよう（図3-8）。これは、放射線の専門家でない被験者に放射線による腫瘍の手術に関する問題を解かせようとするものである。本来解くことは難しいはずだが、それに類似した問題と解決法を予め被験者に経験してもらえば、「類推」の効果が確かめられるかもしれないという実験である。

ジックとホリオークが行ったこの研究によると、はじめに放射線問題を解くことができた被験者は10％足らずであった。別の被験者に分散攻撃物語を読んでもらった後に腫瘍問題を出題したところ30％が正解した。さらに別の被験者に、「分散攻撃物語は放射線問題の解決に役立つ」という手掛かりを与えると75％が正解した。

類推による問題解決の対象を標的問題（target problem）、標的問題に類似した過去の知識を既存知識（source）という。類推による問題解決は次のような段階で行われる。

①標的問題（target problem）を把握し、既存知識（source）を記憶から導き、標的問題と既存知識の類似性を見いだす。既存知識は必ずしも自らの過去の経験から得ていなくても、何らかの方法でそのような知識を有していれば良い。（実際に体験しなくても、読書や学習で擬似的に経験すれば良い）
②既存知識と標的問題を対応させる写像（mapping）を行う。
③この対応関係に基づいて標的問題の解を導く。

分散攻撃物語と放射線問題に共通すること、つまり上の①にある「類似性」に当たるのは、必要な資源（軍／放射線）を分割し、再び集中させることで他に影響を及ぼさずに対象のみを攻撃するという方法の概念である。「分散攻撃物語が放射線問題を解くための手がかりである」というヒントをもとに、「手がかりになるとはどういうことか？」と考えてこの方法を見出せるかどうかが、問題解決のカギとなっている。このような複数の問題の解決に共通して用いられる解法は問題スキーマ（problem schema, schema は図

分散攻撃物語

命題番号[19]	
1-2	要塞が国の中央に位置している
2a	要塞からは多くの道路が放射状に伸びている
3-4	軍の司令官は要塞を占拠したい
5-7	司令官は道路の地雷で軍や周辺集落が被害に遭うことを避けたい
8	ゆえに全軍が一つの道路に沿って要塞を攻撃することはできない
9-10	しかしながら要塞の占拠には全軍の一斉攻撃が必要である
11	単独の小軍団による攻撃では成功しない
12	そこで司令官は軍を数個の軍団に分割した
13	司令官は複数の道路の先に軍団を配置した
14-15	各軍団は同時に要塞に集結した
16	この方法で軍は要塞を占拠した

放射線問題と分散解法

命題番号	
1'-2'	腫瘍が患者の身体の内部に発生している
3'-4'	医師は放射線で腫瘍を破壊したい
5'-7'	医師は放射線で健全な周辺組織を損傷させることを避けたい
8'	ゆえに高強度の放射線を一方向から腫瘍に当てることはできない
9'-10'	しかしながら腫瘍を破壊するには高強度の放射線が必要である
11'	単独の低強度の放射線の照射では成功しない
12'	そこで医師は放射線を複数の低強度放射線に分割した
13'	医師は複数の位置から低強度の放射線を患者の身体に向けた
14'-15'	低強度の放射線を腫瘍に向けて同時に集中させた
16'	この方法で放射線は腫瘍を破壊した

図３－８●分散攻撃物語とそれに対応する放射線問題の解決法の要約[18]

式の意）と呼ばれる。また、類推によりスキーマを活用する推論をスキーマ帰納（schema induction）という。類推は問題解決をはじめ、意思決定、記憶、説明（比喩）、創造、法則発見などで重要な役割を果たすとされる。例えば、流体力学理論を元にした類推によりマクスウェル方程式を導いたファラデーの事例、光に粒子の性質があることから物質にも波の性質があると類推してシュレーディンガー方程式を導いたド・ブロイの事例などが知られる。強力な推論形式である一方で誤った結論を導く場合も多いことから、「脆弱な推論」ともいわれる。

ハーバード大学大学院デザイン研究科のピーター・ロウは『デザインの思考過程（*Design Thinking*）[20]』で、建築設計における類推の役割について述べている。いくつか紹介しよう。「人体計測のアナロジー」は、例えば階段のデザインを行う場合に階段を上り下りする自らの過去の経験や、子供や高齢者といった他者が階段を使用する状況を元に類推することにより、安全で快適で美しい階段のデザインを導くことを指す。「文字通りの意味のアナロジー」は、イコニック・アナロジーとカノニック・アナロジーに分類される。イコニック・アナロジーは、類似物の形態の特徴に基づく類推により建物デザインを導くことを指す。ル・コルビュジェのロンシャンの礼拝堂（1955年、図3-9）の屋根は蟹の殻、フランク・ロイド・ライトのユニテリアン教会（1951年、図3-10）は祈りの際の合掌、ウッツォンのシドニー・オペラハウス（1973年、図3-11）は帆船の帆を元にした類推の事例とされる。カノニック・アナロジーは、例えばカルテジアン・グリッド（Cartesian grid）や正多面体（Platonic solid）といった抽象的な幾何学特性に基づく類

図３－９●ロンシャンの礼拝堂
出典：Jessica Lee による Pixabay からの画像

図３－10●ユニテリアン教会
出典：Motorrad-67 at English Wikipedia, File: 1 st-Unitarian.jpg

図３－11●シドニー・オペラハウス
出典：Wikipedia, File: Sydney Australia.(21339175489).jpg

図３－12●シーグラムビル
出典：Ken OHYAMA at Wikipedia, File: Seagram Building (35098307116).jpg

推である。事例として、古代ギリシアのプリーネの都市計画が等間隔の区画と道路配置による基本寸法体系を有することなどが挙げられている。ミース・ファン・デル・ローエによるシーグラムビル（1958 年、図 3-12）なども碁盤目状の整然とした概観で知られる。形態デザインにおいて類推が明示的、暗示的に用いられることで、デザイン問題の解決に役立つ概念が与えられるとされる。

熟達化とスキーマ

スキーマ（schema）という概念の歴史は古い[21)]ものの、前節でみたように、GPSは問題領域によらない一般的な問題解決手法を目指したが、定義不良の現実の問題の解決には至らなかった。ハノイの塔のような単純な例題は解決して見せたが、現実の問題は組み合わせ爆発が簡単に生じ、歯が立たなかったのだ。

しかしGPSのような探索的手法が行き詰まりを見せる中、情報処理の手続き的理論（procedural theory）だけでなく、スキーマのような問題領域固有（domain specificity）の実体的理論（substantive theory）が重要な役割を果たしていることが、問題解決の「熟達化」に関する研究によって明らかにされ始めた。熟達化研究とは、熟達者はいかなる方法で初心者よりうまく問題を解くことができるかを解明しようという動機に基づく研究である。

チェイスとサイモン[22)]による、ゲームのチェスを使った研究をみてみよう。チェスの名人、上級者、初心者の熟達度の異なる3人の被験者に対してチェス盤の駒配置を5秒間見せ、それを記憶し再現してもらうことを繰り返す実験を行った。図3-13のような試合中盤の駒配置の場合、最初の試行で名人が16個、上級者が8個、初心者が4個の駒を再現でき、名人は4回の試行で全て再現できたが、初心者は7回試しても全て再現することはできなかった。試合終盤の駒配置でも同様の傾向が見られる。けれどもでたらめの駒配置で同様の実験を行うと、名人も上級者も初心者も最初の試行で再現できたのは4個以下で、名人も完全に駒配置を再現することはできなかった。

このことから、チェスの名人は記憶容量や思考速度が常人をはるかにしのぐわけでなく、定石といわれるような代表的な駒配置や局面が、ひとまとまりの知識、いわゆるスキーマとして長期記憶に保存されていて、これらを適宜引き出して利用することができたため、短時間に駒配置を把握できたと考察された。でたらめの駒配置となるとこのスキーマが役に立たなかったため、名人であっても上級者や初心者と同程度の結果しか残すことができなかった、つまり名人といえども上級者や初心者と同等の記憶力しか有していなかったと考えられた。熟達者は駒一つ一つの種類や位置をばらばらに把握するのでなく、スキーマにより代表的な局面や共通する駒配置の構造などに関連付け、独自の着眼点を持つことにより、短時間で情報の圧縮や展開を行っていたと考えられるのだ。このようにスキーマが熟達者の問題解決で重要な役割を果たすことは、記憶力[23]、プログラミング技術[24]、X線写真の病巣同定[25]などでも明らかにされている。

図３-13●チェスの盤面

スキーマは心理的過程だけでなく、スポーツなどの運動でも重要な役割を果たすことが示されている[26]。自転車の運転に熟達している人は記憶力や手続き的な判断力が増大しているわけでなく、うまく乗るためのコツ、つまりスキーマを獲得し、様々な状況に共通する対処法を活用することで、限られた認知能力や運動能力であっても迅速に負担なく自転車の運転に関する問題解決を繰り返すことができると考えられる。近年では人工知能による熟達者のスキーマに相当する知識の学習、応用が様々に試みられ、チェスや将棋の世界でも飛躍的な成果をあげている。

以上のように心理学、問題解決理論、人工知能などの諸理論は計算機や計算機科学の発展を背景に情報処理の概念を取り入れることで学際研究が進み、認知心理学という新たな学問分野が堰を切ったように展開した。デザイン方法理論もこの学際的潮流に合流し、デザインを問題、デザイン過程を問題解決過程として扱い、デザイン問題の解決における行為や心的過程を情報処理としてとらえることで認知心理学の基盤を得て発展することになる。

ただし、これまで参照した認知心理学や問題解決分野の既往の研究は、いずれも専ら良定義問題を扱っていることに留意したい。デザイン問題は良定義問題を部分に含むものの、その大半は不良定義問題である。デザイン方法論研究の主眼は現実の問題にあり、良定義問題の解決法への関心はそもそもあまり高くない。建築学はいわゆる実学であり、自然のあり様を解明するというより、建物という具体的な人工物の実現を目的とした学問である。心理学や認知心理学は良定義問題を対象とした実証的な基礎研究で着実な成果を上げた。良定義問題の解法の探求により、不良定義問題の輪郭や困難性が一層明確になったともいえる。良定義問題の解決法で一般的な、最適解を絞り込む収束的思考（convergent thinking）の研究に対して、様々な代替案の可能性を探る発散的思考（divergent thinking）の研究[27) 28)]などもなされているが、創造性や洞察が重要な役割を果たす不良定義問題の解法については依然として未知の部分が多く残されたまま、その後の研究に委ねられ

郵 便 は が き

料金受取人払郵便

左京局
承認

3174

差出有効期限
2024年3月31日
まで

（受取人）

京都市左京区吉田近衛町69
京都大学吉田南構内

京都大学学術出版会
読者カード係 行

▶ご購入申込書

書　名	定　価	冊　数
		冊
		冊

1．下記書店での受け取りを希望する。

都道府県　　市区町　　店名

2．直接裏面住所へ届けて下さい。

お支払い方法：郵便振替／代引　　公費書類（　　）通　宛名：

送料
ご注文 本体価格合計額　2500円未満:380円／1万円未満:480円／1万円以上:無料
代引でお支払いの場合　税込価格合計額　2500円未満:800円／2500円以上:300円

京都大学学術出版会
TEL 075-761-6182　学内内線2589 / FAX 075-761-6190
URL http://www.kyoto-up.or.jp/　E-MAIL sales@kyoto-up.or.jp

お手数ですがお買い上げいただいた本のタイトルをお書き下さい。

（書名）

■本書についてのご感想・ご質問、その他ご意見など、ご自由にお書き下さい。

■お名前

（　　歳）

■ご住所

〒

TEL

■ご職業

■ご勤務先・学校名

■所属学会・研究団体

■E-MAIL

●ご購入の動機

A.店頭で現物をみて　B.新聞・雑誌広告（雑誌名　　）

C.メルマガ・ML（　　）

D.小会図書目録　E.小会からの新刊案内（DM）

F.書評（　　）

G.人にすすめられた　H.テキスト　I.その他

●日常的に参考にされている専門書（含 欧文書）の情報媒体は何ですか。

●ご購入書店名

都道府県　　市区町　　店名

※ご購読ありがとうございます。このカードは小会の図書およびブックフェア等催事ご案内のお届けのほか、広告・編集上の資料とさせていただきます。お手数ですがご記入の上、切手を貼らずにご投函下さい。
各種案内の受け取りを希望されない方は右に○印をおつけ下さい。　案内不要

ることになる。このようなデザイン問題に対する思考や推論については以降の章で見てゆきたい。

第4章 *Chapter 4*

情報技術

計算機による問題解決

知識よりも想像力が大切です。知識は限られています。想像力は世界を包み込む。

アルベルト・アインシュタイン（インタビュー[1]にて）

現在、建築設計をはじめとするデザイン方法は情報技術と密接な関わりがあり､両者は一体化していて分離することはできない。例えばCAD（Computer-Aided Design）やBIM（Building Information Modeling）といった、いまや建築設計に不可欠な情報技術は、描画や造形、積算、シミュレーション、プレゼンテーションなどのあらゆるデザイン過程の基盤となっている。デザイン問題の本質である、創造性や複雑な意思決定が求められる部分の解決の多くは依然として人が担っているが、人の経験や能力に頼るほかなかった現実の問題の解決でも、今では情報技術の援用により著しい合理化がなされつつある。飛躍的な創造力に比べて論理の歩みは遅鈍かもしれないが、着実に前進することができる。本章では人工知能をはじめとする情報技術の発展の経緯やデザイン問題との関係について概観したい。

1 問題解決と情報技術

前章でみたように、情報技術の発達を背景に、問題解決行為を情報処理としてとらえる認知心理学が1960年代に確立された。認知心理学は言語学、脳科学、神経科学、情報科学、計算機科学などの広範な学際研究を一新したことから認知科学とも呼ばれ、現在に至るまで心理学分野の中心領域を形成し続けている。認知心理学のように、有機体の問題解決を計算機科学の情報処理としてとらえる動向の一方で、計算機科学もまた、情報処理に生物の機能や戦略を模範として取り入れることで、人工知能などの理論を発展させてきた。生物の脳機能や進化戦略を計算機上で擬似的に表現することで、合理的な最適化手法や問題解決手法を解明することは、一方で、生物が変化する環境に適応するために長い年月をかけて獲得した、脳機能や進化戦略の洗練された仕組みを解明することでもあった（図4-1）。

2 ソフトコンピューティング

第二次世界大戦中の英国や米国は、費用に対する効果などを数理的に推定することで合理的な意思決定を行う軍事作戦研究を発

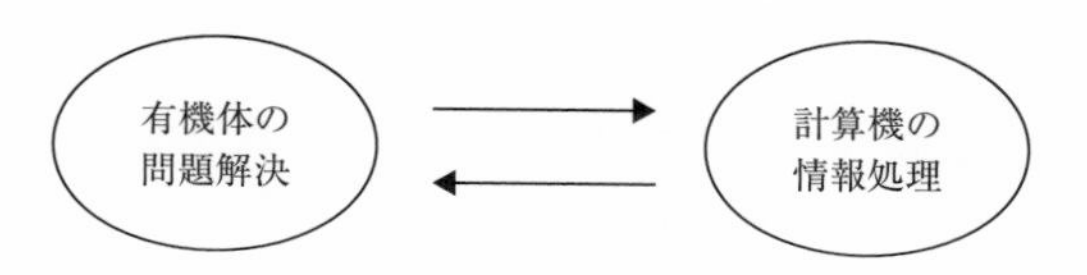

図４－１●認知心理学と計算機科学の相補的関係

達させ、大きな戦果を挙げた。これはオペレーションズ・リサーチ（Operations Research：OR）などと呼ばれ、戦後は生産計画や在庫管理といった企業経営の手法として発展してゆく。オペレーションズ・リサーチでは現実の問題を単純化して数式に置き換えることによって、線形計画法や組み合わせ理論、確率、微分方程式、線形代数、統計などを適用し、最適化や意思決定のための解析が行われる。アシモウらの初期デザイン方法論にはオペレーションズ・リサーチの有力な過程が見られ、数学などの技術的手続きの援用により一般的な問題の解決が目指されたと述べられている[2)]。しかしながらアーチャーが後年、「振り返ってみると、オペレーションズ・リサーチやマネジメントの手法をデザインの目的に合わせて曲げようとして、非常に多くの時間を無駄にしていたことがわかる」とも述べているように[3)]、単純な良定義問題のデザイン過程では部分的にオペレーションズ・リサーチなどの有効性が示されたものの、現実のデザイン問題に適用しようとする試みは当初の期待ほど成果を上げることはなかった。なぜなら現実のデザイン問題は多くの場合、様々な要因が関係するため異なる次元間の量的比較が不可能であったり、問題を数式に置き換えることが困難であったりするからだ。また問題を数式化できたとしても、不連続性や離散性などのために勾配法（関数の勾配を解の探索に用いるアルゴリズムの総称）のような数学的な解析が困難である場合もある。またそもそも厳密な最適化は必要とされておらず、人が総合的な判断をくだすための受け入れ可能な案を広範に探索することがより有効と分かってきた。1990年頃になると、対象とする問題を精密かつ正確に解析、設計するハードコンピューティング（hard computing）という従来の概念に対して、厳密な正確性を求めずに問題を扱うソフトコンピューティング（soft computing）という新たな概念が提唱された。

ファジィ理論で有名なアゼルバイジャン出身の数学者L・ザデーによると、ソフトコンピューティングの着想の起源は、システムの複雑さが限度を超えると正確性と有用性が両立しなくなる「不適合性の原理（principle of incompatibility）」にあるという。問題の数式化に正確を期すると、変数やパラメーターが膨大となり問題空間の全体像が把握できず、実用的でなくなる。現実の問題を対象とする場合、正確性をある程度犠牲にした解析であっても十分有効な場合が多い。実世界で得られる情報はもとより不確実性を伴っており、人や生物はヒューリスティクス（発見的手法、経験則）のような方法を用いてそのような不確実性を許容しながら現実の諸問題に対処している。仮に不確実性を排除して厳密な計算を行うと、非現実的な時間や労力を要し、生存戦略上不都合が生じる。ソフトコンピューティングの概念が確立される以前は、計算機は短時間に膨大な演算を行うことに優れる一方、不正確な情報を要領よく扱うことには不向きであった。人が問題解決を行う際の限られた正確さの情報を効率的に処理する方法、すなわち取り扱いやすさ（tractability）、頑健性（robustness）、時間や労力の低費用（low cost）といった特徴を取り入れた計算手法が、ソフトコンピューティングと総称されるようになった。ソフトコンピューティングの主要な方法論は、ファジィ理論（fuzzy theory）、ニューラルネットワーク（neural network）、確率推論（probabilistic reasoning）、進化的計算（evolutionary computation）などからなる。これらの方法論は現実のデザイン問題の解決にも80年代半ば頃から貢献し始めている。問題解決を情報処理としてとらえた認知心理学に対して、情報処理に有機体の問題解決手法を取り入れた計算機科学が展開するのである。以下で、これらの理論が具体的にどのようにデザイン問題の解決に貢献しているのか見ていこう。

進化的計算

進化的計算は、生物の進化の過程を環境に対する最適化の過程ととらえ、それを計算機上で模擬して解を探索する手法の総称で、遺伝的アルゴリズム（genetic algorithm：GA）などの手法が知られる。遺伝的アルゴリズムは1975年に米国の科学者ジョン・ホランドが開発したが、進化論（ダーウィニズム）を問題解決に利用するという発想は、計算機が普及する以前の1950年代からすでに提唱されていた。自然選択や突然変異といった比較的単純な原理で原始的な生物が、動的な環境に適応して今日まで絶えず進化を続けてきた過程は驚異的で、地球上で最も頑強なシステムといえる。それを計算機上で擬似的に表現することはまた、進化の仕組みの解明に迫ろうとすることでもあった。

ダーウィニズムによると、獲得形質は遺伝しない、すなわちある個体が環境に対して有利な後天的変化を得てもそれが遺伝情報に反映されて子孫に受け継がれることはない。同じように、解の探索を山の頂上を目指す集団の山登りに例えると、ある個体が問題空間における自らの位置の勾配を把握し、勾配を上るのに有利な方向を見いだしたとしても、その情報が次世代に受け継がれることはない。これは進化計算におけるより良い解の探索が、ハードコンピューティングの勾配法のような問題空間の勾配（より良い方向を示す関数の傾き）や微分可能性に基づくことなく、単純に各個体の環境適応度、山登り問題では個体の位置する高さのみに基づくことを意味する。すなわち進化的計算では問題空間の微分性（微分係数があり接線の傾きが一意に定まること）や単峰性（分布の山が単一であること）などを予め考慮する必要がなく、適応度を算出する評価関数と探索空間の位相さえ定まれば計算可能となる。ここに、進化計算が備える長所である取り扱いやすさや頑健性がある。ただし、くまなく問題空間を探索しない点で有効性が議論される場合もある。染色体数が増加すると、遺伝子が取り得る場合の数は指数関数的に増加するNP困難な組み合わせ最適化問題（規模が大きくなると手に負えなくなる問題）であるため、総当たり探索では非現実的な計算時間（階乗時間：O（N!））を要するところを、短時間でそれなりに良好な解に到達するところに低費用の長所がある。

コラム❷ *column* 遺伝的アルゴリズム

遺伝的アルゴリズムは、現実の問題としての表現型を０と１の二値符号化（coding）する。遺伝子型の候補解と、それらの環境適応度を算出する評価関数を用いて、次のような手順で解の探索を行う。結果的に得られた解の遺伝子型を表現型に復号化（decoding、二値符号化されたデータを変換し、十進法などの理解可能な状態に戻すこと）することで現実の問題の解が得られる。

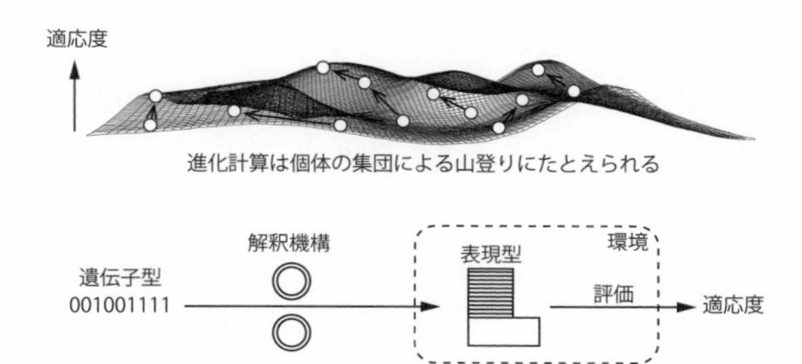

遺伝的アルゴリズムの一般的な計算過程

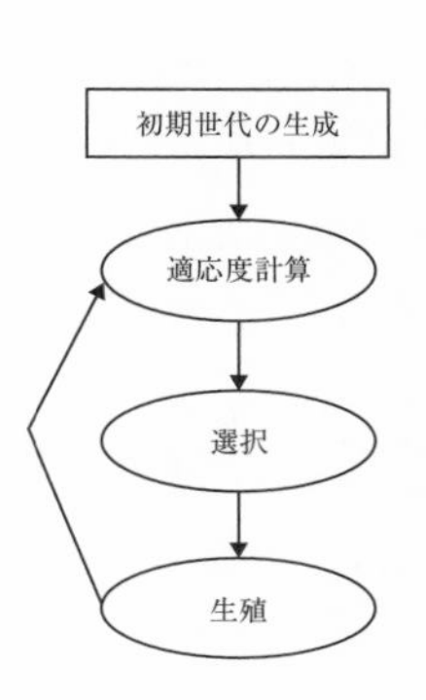

1．親世代のN個の個体を無作為に生成する。
2．評価関数に基づき親世代の各個体の適応度を計算する。
3．各個体の適応度に基づく確率で次のいずれかの操作（生殖）を行い、子世代の個体を生成する。
   a．個体を2つ選択して交叉を行う。
   b．個体を1つ選択して突然変異を行う。
   c．個体を1つ選択してそのまま複製する。
4．子世代の個体数がNになるまで3の操作を繰り返す。
5．子世代を親世代として2以降を繰り返す。

6．世代交代を繰り返し最終的に最も適応度の大きい個体が解となる。

現実のデザイン問題の解決過程において、進化計算が用いられている事例もみられる。

①新幹線の先頭車両の形態最適化

新幹線のN700系（2000年より研究開発、2007年に運行開始）は、最高速度時速250 kmで走行する従来型車両の700系に対して時速270 kmと、性能向上がなされた改良型である。だが、開発の途上で、従来型の先頭車両形状（図4-2）のままでは騒音の原因となるトンネル微気圧波が生じることが問題となった。そこで、700系を時速20 km上回りながら700系と同等以下のトンネル微気圧波に抑えることが設計条件に与えられた。当時のJR開発部にはトンネル微気圧波を低減する手法として、断面積の増加割合を一定に変化させればよいという知見と、そのためのノウハウがあった。その手法で新型のシミュレーションを行うと、先頭形状は700系より3.8メートルも長くなった。これでは駅などの大幅な改良が必要となる上、乗務員の扉のために乗客定員が10席減ることになり、700系との共通運用ができなくなる。従来の先頭形状の設計手法は最良と思われていたが、これに代わる新たな方法が模索されることとなった。

先頭形状の鼻先や屋根付近には勾配を急にしても微気圧波の発生が強くならない箇所があることが分かり、遺伝的アルゴリズムで数値流体力学（CFD：Computational Fluid Dynamics）に基づくシミュ

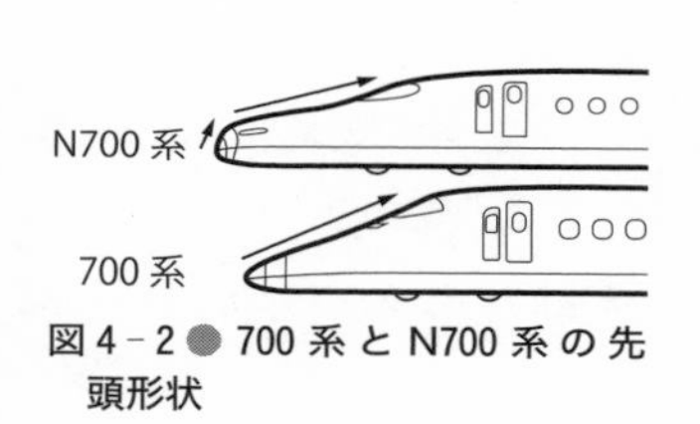

図4－2●700系とN700系の先頭形状

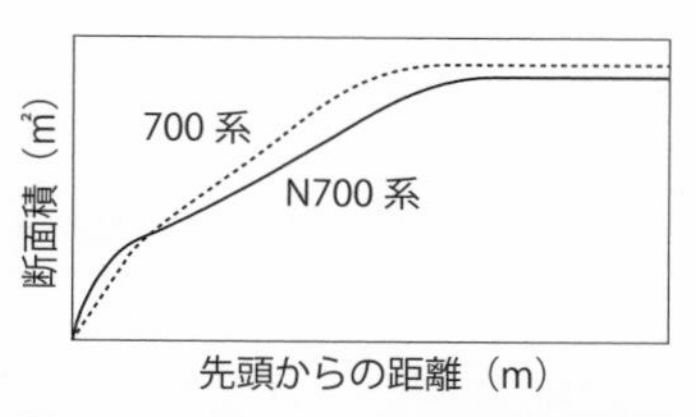

図4－3●700系とN700系の先頭断面変化率

レーションが繰り返された。進化計算を用いずに変数が取り得る場合の数を全て検討すると、組み合わせ爆発を起こし計算困難となる。最終的に、中におさめる装置や運転台の位置や出っ張り、視認性などを総合的に考慮して、新たな先頭形状が生まれたという（図4-2・図4-3）。「遺伝的アルゴリズムの最大の特徴の一つなのですが、突然変異というのがあります。それはシミュレーションの過程で『ときにはそれまでやってきた方向とは全く逆のことをやってみよう』と試してみてくれるということが起きるのです[4)]」と、設計に携わったJR東海の総合技術本部技術開発部研究員の成瀬功グループリーダーは開発当時を振り返っている。

ただし、遺伝的アルゴリズムによるシミュレーションで形状の全てを一から最適化したわけではなかった。先端部を切り落としても微気圧波の発生の最大値が大きくならないことは先行研究[5)]ですでに解明されていた。けれどもそれら先行の論文では、根拠となる法則や因子の解明が不十分であったため試行錯誤が必要になることが、課題として示されていた。この試行錯誤の部分で遺伝的アルゴリズムの長所が活かされたのである。

この事例では、従来のシミュレーション手法と進化計算による手法が相補的に用いられて、困難な問題が解決されたことになる。ちなみに、結果的に得られた先頭形状は、今から80年近く前に設計された戦艦大和の艦首のバルバスバウ（球根形状）によく似ているという。このバルバスバウは今では一定の規模の船にはほとんど採用されているが、その形状は当時の水槽実験で偶然発見されたものだという。大和の先進性もさることながら、人が多くの模型を製作して繰り返し試す中で偶然発見した形状に、進化計算を用いると短時間でたどり着くことができたことになる。

生物は長い進化を経て生存戦略上有利な身体を得たが（図4-4）、それを単純化して計算機上で短時間で模倣することにより、経験則では得られなかった未知のデザインが誕生したことは興味深い。進化計算は多様な解の集団で探索を行うことが特徴の一つである。解の中には優秀なものもそうでないものも含まれているが、それらが互いに遺伝子を交配することにより、より良い解を見出そうとしている。特に突然変異は、あえて解に異なる性質を取り込む戦略である。多くは単なる失敗作となるが、まれに思いも寄らない佳作が生まれることがある。優秀作ばかりを追求すると視野が狭くなり局所解に陥る。良いもの劣ったもの、変わったもの、珍しいものなど多様な解を保ちながら広範な問題空間を探索する生物の戦略は、本書の主題である間違いや失敗を許容しながら膨大な試行錯誤を行う過程と解釈することもできる。

他にも、国産初のジェット機（MRJ：三菱リージョナルジェット）の翼の設計で、燃費効率向上と機外騒音低減という2つの目的を同時に最適化し性能を改善した事例、ホテル建築の2つの関係主体の採算性を満足化する建物形態を探索する研究事例[6)]なども

図４－４●長い進化の中で獲得された形状
ジンベイザメの大きく滑らかな体形は、N700系以降の先頭車両の形状に似ている。

みられる。これらにみられるように進化計算やソフトコンピューティングの情報技術は、人のデザイン問題解決を完全に代替するにはほど遠いが、デザイン過程の一部で問題の適切なモデル化が行われれば問題空間の探索や最適化に大きな威力を発揮することが分かる。

②多目的最適化とパレート解

複数の評価関数（目的関数）を同時に最適化する問題は、多目的最適化問題と呼ばれる。進化計算によりオペレーションズ・リサーチの線形計画などでは得られない優良解の分布を得ることができる。図の原点に向かって最前線に位置する解群のように２つの評価関数のいずれかが最も優れる、言い換えると他より劣ることのない解（非劣解）の分布はパレート最適解分布と呼ばれる。これらの解の分布は、問題空間の特徴を俯瞰し総合的な判断をくだすための資料となる（図 4-5）。

③評価関数が明示的でない場合の進化計算による手法

ここまで見た事例は全て、評価関数が記述可能な場合、すなわち個体の環境適応度が計算可能ないわゆる良定義問題の場合であ

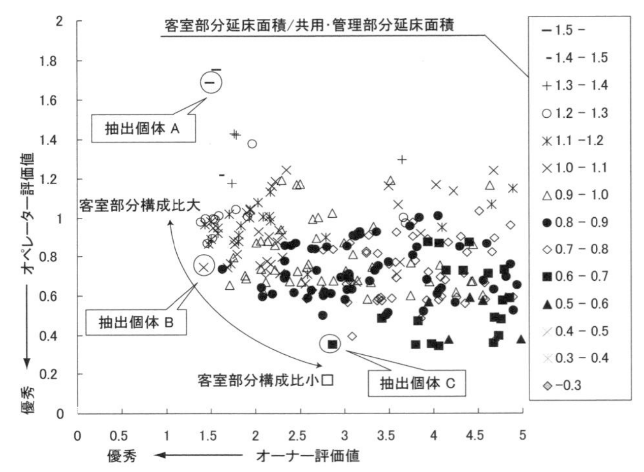

図 4 − 5 ●遺伝的アルゴリズムによるホテルの 2 つの関係主体の採算性を最大化する二目的最適化の解の分布

左下の最前線の解は両者の採算性を最大化する優秀解となる。

るが、現実の問題ではそうではない場合が多い。人が美的感覚に基づいて総合的に判断を下せるようなデザイン問題の場合は、進化計算のアルゴリズムが提示する複数の代替案に対して、人が適合度を与えて解の探索を行う対話型進化計算の手法も提示されている[7)]。また、評価関数の記述が不可能であっても、提示された解がある基準を満たすか否かを判断することが可能な場合は、それらを教師事例として学習して評価関数を得る遺伝的プログラミングという手法も提案されている[8)]。

ニューラルネットワーク

以上のように、進化計算が生物の個体集団の多世代にわたる進

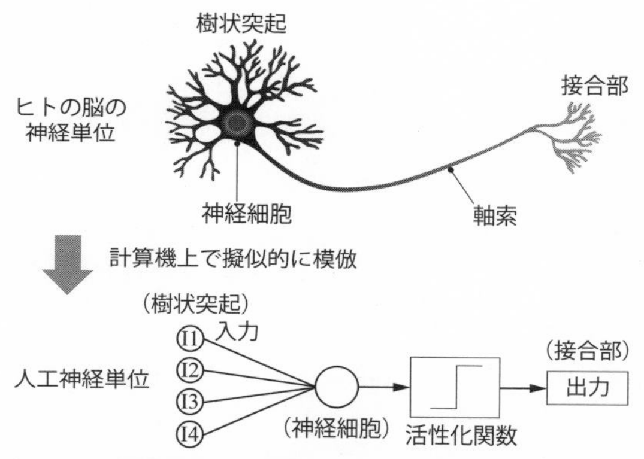

図４－６●神経細胞の模式図（上）と模式化された神経細胞の挙動（下）

化の仕組みを模倣した計算により問題解決を行うのに対して、ニューラルネットワークは単一個体の脳の神経回路を模倣した計算により問題解決を行う。

人の脳の大部分は神経細胞（ニューロン）で構成されている[9)]。神経細胞は電気信号を発して情報を受け渡す特殊な細胞で、その総数は人の大脳で160億個、小脳で690億個にのぼる。神経細胞同士は接合部（シナプス）で連結し、大規模で複雑な神経回路を形成している。図4-6のようなある神経細胞は、他の神経細胞と連結した接合部から電気刺激を受け取り、それが一定値を超えると発火して、次の神経細胞に神経伝達物質で信号を伝える。人が思考や学習、記憶を行うときは、この膨大な神経細胞網が電気刺激を次々に伝達し、神経細胞同士の結合強度が調整される。神経細胞の挙動を単純化すると、ある神経細胞が他の複数の神経細胞から二値（0または1）を受け取り、その値に所定の重み（例えば0.1や0.3など）を掛けて足し合わせ、合計が所定の閾値を超えると1、超えなければ0を次の神経細胞に受け渡すという具合である。単体の神経細胞は単純な電気装置のように抽象化されるが、神経細胞網全体の挙動はもっとも高度な計算機を用いてもシミュレーションが不可能で、いまだ脳の高度な思考の仕組みは十分解明されていない。

1943年に登場した最初期のニューラルネットワークは、入力→中間→出力と順方向にのみ信号が伝搬するもので、「順伝搬型ニューラルネットワーク（Feedforward neural network）」と呼ばれる。神経細胞の発火が接続する神経細胞に伝搬すると接合部の伝達効率が増強され、発火が生じないと接合部の伝達効率が減弱するしくみは、カナダの心理学者D・ヘッブ（1904-1985）が提唱した法則に基づく。神経心理学を創設したヘッブの法則は新行動主義心理学のS-O-R理論を神経細胞に適用したものととらえられる。3層以上のニューラルネットワークは微分可能で連続な任意の関数を近似できる、つまり線形分離不可能な問題の解を導けることが証明されている。またニューラルネットワークの伝達効率の増強や減弱による学習は有限回で収束することも証明されている。この学習の際に、出力側の神経細胞から入力側の神経細胞へと望ましい出力との誤差を最小にするように重みを調整する手法を「誤差逆伝搬法（backpropagation）」と呼び、1986年に米国の認知心理学者ラメルハートらにより提案された。誤差逆伝搬法は中間層（入力層と出力層の間の層）が一層の場合に用いられる（図4-7）。中間層が二層以上の多層になる場合は「深層学習（Deep learning）」

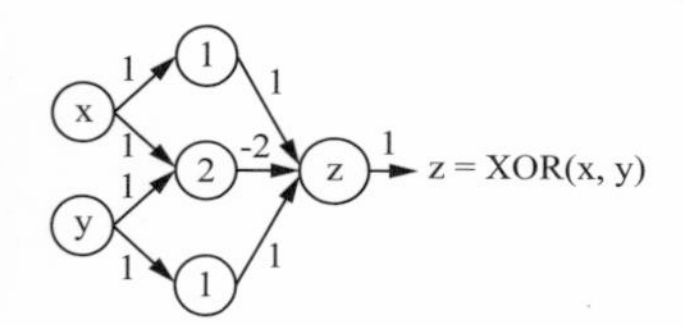

図４-７●中間層が一層のニューラルネットワーク
XOR（排他的論理和）計算が可能な３層のパーセプトロンネットワーク。パーセプトロン内の数字は閾値、矢印の数字は入力の重みを表す。この例では閾値に達しない場合は０が出力される。

と呼ばれ、2006年に英国出身の認知心理学者G・ヒントンら[10]が考案した自己符号化器（autoencoder）が起源とされている（次項「人工知能」で詳述)。深層学習は画像や音声、自然言語を対象とする問題解決で、従来のニューラルネットワークと比べて圧倒的な性能を示すことが分かり、2010年代に学際分野を賑わせて広く普及した。

人工知能

いまや人工知能（AI：Artificial Intelligence）という言葉は流行語のように用いられるが、その概念の登場は、元をたどると1956年のダートマス会議[11]までさかのぼることができる。会議の主催者は人工知能という用語を初めて使用した認知心理学者のマッカーシーで、同じく認知心理学者のミンスキー、数学者のシャノン、サイモン、ニューウェルなどが参加した。３章でみたニューウェルとサイモンの人工知能プログラムLogic Theoristはこの会議で発表されている。人工知能は、計算（computation）という概念とコンピュータ（computer）という道具を用いて知能を研究する計算機科学（computer science）の一分野である[12]と同時に、生体の認知活動を情報処理としてとらえた認知心理学の一分野でもある。人工知能の歴史にはいくつかの節目があり、今では第一期、第二期、第三期に区分してとらえられることが多い。

①第一期：効率的な探索を目指して

第一期は1960年代頃とされるが、実際はそれ以前から人工知能の研究は開始されていた[13)]。1940年代から50年代は、計算機の圧倒的な情報処理能力を目の当たりにした認知心理学者たちが、計算機による知能の実現、それによる知能の仕組みの解明が可能ではないかと楽観的な仮説を立てて様々に新たな研究を試みた時期であった。ニューラルネットワークの初期の神経細胞(neuron)のモデルは1943年にすでに提示されている。初めはチェスのような定式化しやすい良定義問題が対象とされた。ゲーム理論の分野では二人零和有限確定完全情報ゲームと呼ばれ、参加者が2人で、2人の利害が対立し、有限回で終了し、確率に依存する不確定要素がなく、全ての情報が参加者に公開されているような最も単純なゲームである。また、3章で登場した数学者フォン・ノイマンは1944年にミニマックス法（minimax theorem）という、想定される最大の損害を最小にするような戦略を数学的に定式化した。ミニマックス法は人工知能によるゲームの戦略の基本となった。

第一期の人工知能研究は「探索の時代」とも呼ばれるように、問題を初期状態から始め操作を繰り返して目標状態へと至る探索ととらえて、その探索を効率的に行う手法が研究された。初期状態から到達可能な場合の数は操作の数に応じて指数関数的に増加するため、総当たり戦略では現実的な計算時間で解くことができなくなる。3章で見てきたように、この問題の解決のために、人や生体が必ずしも最適解を目指さず受け入れ可能な解を求めて行う効率的な問題解決を模範として、ヒューリスティクスという方法論が考案された。しかしチェスの盤面が取り得る場合の数はおよそ10の120乗通り、将棋はおよそ10の220乗通り、碁はおよそ10の360乗通りと、観測可能な宇宙全体の素粒子の数に相当する10の80乗個を大きく上回る壮大な数となる。ミニマックス法のような単純な戦略と初期の計算機の性能では、まだ人の問題解決には遠くおよばなかった。

なお、この頃の人工知能研究では記号主義と呼ばれる、記号処理により問題解決を行う手法が主流であった。人の思考を記述する方法論は、数学者のホワイトヘッドやラッセルによって1910年に発表された『数学原理』で提示されていたが、前述したように、この中の定理を証明したのがサイモンとニューウェルによる人工知能プログラムのLogic Theoristであった。数学的思考の多くはIF、OR、AND、EQUAL、NOTなどの論理演算で記述可能であり、これらの論理演算は計算機がもっとも得意とするところで、正確、高速に処理することができた。そこで、数学的思考をはじめとする論理的な思考を計算機が模倣できるなら、計算機が知能を持つことも可能だろうと考えられたのである。1958年に記号処理プログラミング言語のLISPが人工知能の名付け親であるマッカーシーにより開発されると、多くの人工知能システムの開発に用いられるようになった。しかし探索としての問題解決はチェスや数学の定理のような限定的で、厳密に定義された典型問題にしか通用せず、現実の問題の実用的な解決には歯が立たないことが次第に判明した。記号処理型でない仕組みを有するニューラルネットワークについても、ミンスキーらが単純パーセプトロンの限界を指摘[14]したことで、人工知能研究は次第に計算機科学や認知心理学の中心的な研究分野ではなくなっていった。

②第二期：知識を蓄えて使いこなすには

第一期の1960年代の探索の時代に対して、1970年代から80年代にかけての第二期は「知識の時代」とも呼ばれる。手続き的な探索では解くことができなかった現実の問題を解くには、人工知能が実世界の知識を備えることが必要と考えられた。専門家の持つ知識を取り込んで推論を行うことで、専門家の問題解決の代行を目指そうとしたのが、エキスパートシステム（expert system）である。例えば1970年代初頭にスタンフォード大学で開発されたMYCIN[15]という血液中のバクテリアの診断支援を行うエキスパートシステムは、IF-THEN形式で記述された500の規則に基づいて患者が質問に答えてゆくと、感染したバクテリアを特定して有効な抗生物質を処方するものであった。MYCINは約7割の確率で正しい処方を行うことができた。この正解率は感染症の専門医には劣るけれども、感染症を専門としない医師よりは優れていた。他にも有機化合物構造の推定[16]や、住宅ローンの査定を行うエキスパートシステムなどが開発された。

80年代には、米国の大企業の多くが何らかの形で日常業務に人工知能を使用しているとまでいわれるに至った。それにつれて知識の獲得、知識の表現、推論方法などが中心的な研究課題となり、これらは知識工学（knowledge engineering）と総称された。オントロジーによる知識表現やベイジアンネットワーク（因果関係を確率で記述するモデル）による推論方法などが様々に考案されたが、いずれも知識獲得が障壁となり、実用化の妨げとなった。エキスパートシステムは問題領域によってはうまく機能したが、必ずしもうまく機能しない場合も多いことが判明した。人の知識には明示的な記述が可能な形式知だけでなく「暗黙知[17]」と呼ばれるような、意識できないものや言語化できないものも多く含まれる。それらを記号に置き換えて体系化することは困難であった。また専門知識を用いた問題解決には、その専門知識を支える常識的な知識が必要となるが、常識的な知識には際限がなく全てを書き下すことは難しかったからだ。

記号処理によるエキスパートシステムの限界が把握される一方で、記号処理によらないニューラルネットワークは1986年の誤差逆伝搬法の登場により、再び注目を集めることになった。記号処理による問題解決では、事前に対象分野の公理系や常識などを用意する必要がある。一方、記号操作に基づかないニューラルネットワークは、初期状態は無作為で何の知識も持たず、多くの事例を経験する中で自ら問題を学習する。このような神経回路を模したネットワークによって人工知能を実現しようとする立場は結合主義（コネクショニズム：connectionism）と呼ばれ、記号主義（symbolism）と対比的に論じられる。遺伝的アルゴリズムなど、生物の進化を模した進化的計算が提示されたのもこの頃であった。誤差逆伝搬法でニューラルネットワークが注目を集める一方で、当時はまだ入手可能なデジタルデータに限りがあり、学習対象となる知識の整備は容易でなかった。利用可能なデータが大量に入手できるようになるには、インターネットが普及する 90 年代後半まで待つ必要があった。エキスパートシステムについても、知識獲得に関する課題の解決はそれほど容易でないことが判明しつつあった。当時日本では第五世代コンピューターなどと呼ばれる人工知能の開発が目指されたが、当初期待された成果には結びつかなかった。これらの行き詰まりに加えて 1990 年代の景気後退を背景として、人工知能研究の先行きは再び悲観されるようになった。

③第三期：深層学習の発展がもたらしたもの

第三期の 2000 年代頃からはインターネットが急速に普及して、社会の情報基盤を刷新する。これに先んじるように 1994 年に Amazon が、1998 年に Google が創業している。スマートフォンの登場に伴い、2004 年に Facebook が創業するとソーシャルネットワーキングサービスが世界中の人々の間で人気を博した。それまで情報の受け手であった個人が文字や写真、音声、動画といった情報を発信するようになり、購買やウェブサイトの閲覧、社会的ネットワークなどの膨大なデータが絶えず蓄積され利用可能となった。データが爆発的に増えるに伴い、そのデータを用いた研究も促進された。

2012 年の画像認識競技（ImageNet Large Scale Visual Recognition Challenge）で、初参加のトロント大学が他を圧倒する精度の画像認識技術を用いて優勝した。このトロント大学のヒントンらが用いていたのが、「深層ニューラルネット（深層学習：Deep Learning）」であった。

深層学習の特色の一つに自己符号化器(autoencoder)がある。従来のニューラルネットワークでは手描きの数字を認識させる場合、入力に手描きの数字の画像、出力にそれが表す正解の数値（例えば3）を与えて学習させる手順が必要であった。しかし自己符号化器では図4-8のように、入力にも出力にも同じ手描きの数字の画像を与える。入力されたデータは、ニューラルネットワークの中で少数のニューロンにまとめられた部分を経由して出力される。このように自己符号化器では入力データの符号化、復号化が行われることになる。入力データと同一の出力を得ることを目指すので、学習を繰り返すと入力データを最もうまく復元する「隠れ層」が得られる。この隠れ層では一般に入力よりも少ない情報量でありながら入力と近似した出力を復元することができるので、情報の要約（圧縮）が行われていることになる。それほど重要でない情報を捨てて本質的な情報を見いだして獲得しているなら、「3」という文字表現の本質的な概念（例えば一方向に連続する2つの円弧といった図形の構造的な概念）が獲得されている可能性がある。これは一般に「表現学習(representation learning)」と呼ばれる。

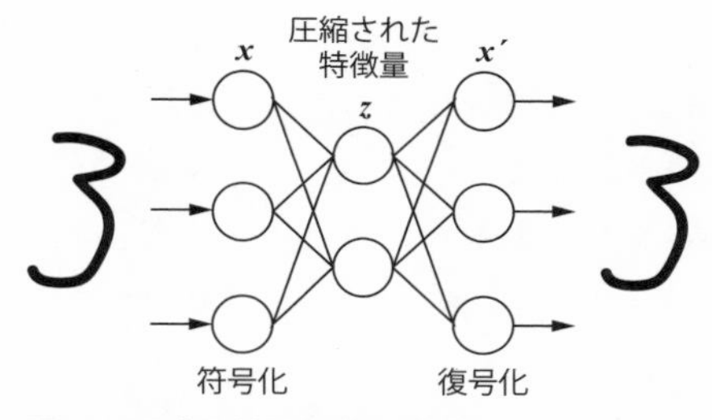

図４－８●自己符号化器の模式図

このような自己符号化器による学習は「教師なし学習」と呼ばれる。例えば木の画像に対して、それが木であるという属性情報を与えず、木の画像のみを入力と出力に与えて表現学習を行う。最終的に得られた木の概念を表すモデルに対して、必要なら後にそれを木と命名する。人の顔を学習[18]する場合は、様々な種類の顔の画像を学習させることで、典型的な顔の概念（例えば２つの目、１つの鼻、１つの口が線対称に配置されているといった顔の構造）が得られるだろう。顔とはどんなものか、目が２つあるかどうか、などの評価基準、いわば目の付け所を人が用意することなく、与えられた事例に基づいて自ら重要な特徴を探し当てる点が教師なし学習の特色である（図 4-9）。

このような深層学習の仕組みは 80 年代からすでに提案され様々に試されていたが、ヒントンらが成功したのは与えるデータにノイズを加えてデータを増やしたり、隠れ層の任意の神経細胞を欠落させたりすることで、学習の頑健性を高める手法を見いだしたためとされている。深層学習では大量のデータが必要になるうえに、機械学習には「過学習（overfitting）」といって、必ずしも重要でない特徴にまで適合してしまい汎化が不十分となる問題がある。これらを回避するのがノイズによるデータ拡張（data augmentation）であり、神経細胞の不活性化（dropout）であった。われわれは幼い頃、木の特徴をいちいち教わることがなくても様々な木を見ることで木の概念を獲得することができた。その際知覚する木の視覚的、聴覚的、触覚的情報は、教材のようにきれいに整えられたものでなくノイズだらけの乱雑な媒体であるが、それらからたくましくも木とは何かを学びとり、新たな木に出会う度に神経細胞のつながりを繰り返し調整し、確固とした木という現象の本質を獲得していると考えられる。計算機による人工知

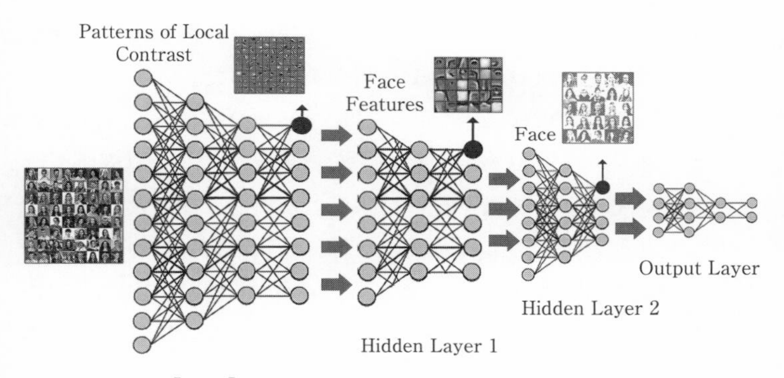

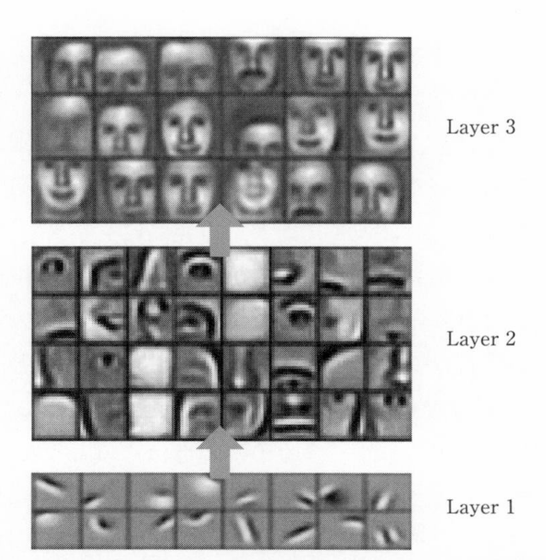

図４－９●自己符号化器による顔の学習　隠れ層と学習された顔の部位の関係

出典：https://cdn.edureka.co/blog/wp-content/uploads/2017/05/Deep-Neural-Network-What-is-Deep-Learning-Edureka.png

能が表現学習を行う上でも、そのような多様な経験による鍛錬が必要であることが深層学習により明らかになった。

従来の一般的な機械学習では、どんな特徴を学習させるか、人が予め決めておく必要があったが、深層学習により計算機がデータに基づいて重要な特徴を見いだすことが可能となった。これにより人工知能の難関の一つが突破され、深層学習は様々な現実の問題に応用されてゆくことになる。1997年にIBM（米国の情報技術関連企業）の人工知能ディープブルーがチェスの世界王者に勝ち、2016年にはGoogle DeepMind（Alphabetの子会社）のAlphaGoが世界最高水準の棋士に勝つことで、深層学習の威力が驚きとともに知られることになった。自動車や建設用重機などの完全自動走行技術にも深層学習が用いられている。

けれども近年は、人工知能という言葉が流行語のように本来の意味と異なる形で軽々と用いられることもまた多い。深層学習の革新性を説明するために人工知能が「自発的に」学習して意思決定をするような表現もしばしばみられる。しかし人工知能とはいえ実際はプログラムに従って計算しているだけで、その機械学習プログラムの本質は一般に最適化と呼ばれる、誤差を最小化する数学的演算に過ぎない。意思を持ち人のように学ぶ人工知能はまったく実現されておらず、多くの研究者はそのようなものは当面実現不可能と考えているようである。また前述のようにニューラルネットワークは神経網を模倣しているが、脳の実現にはほど遠い。しかしそのような知能や脳もいずれは実現されるのでは、と期待を抱かせるほど人工知能分野の技術の進歩は急速、強力で、産業からわれわれの日常生活に至るまでますます多大な影響を与え始めている。

以上のように情報技術は20世紀半ば以降に驚異的な発展を見せ、学問や社会に大きな影響を与えた。デザイン方法理論の出自は心理学における問題解決に関する諸研究であった。計算機や情報技術の発達を背景に、生体の認知活動を情報処理ととらえて研究する認知心理学が誕生し、脳科学、神経科学、計算機科学、人工知能といった学際研究が展開した。一方で人や生物のヒューリスティクスのような手法の長所を情報処理に取り入れることにより、ソフトコンピューティングと呼ばれる計算機科学や機械学習の計算技法が発展した。進化計算は生物の進化、ニューラルネットワークは神経網を模擬した最適化手法で、長い進化の過程で獲得した生命の機構が模範となっている。人工知能の研究は1940年代から行われていたが、数度の盛衰を経てニューラルネットワークを元にした深層学習が2012年に登場し、事例の学習により本質的な特徴を獲得できるようになった。深層学習により従来は人が解決していた問題を人よりうまく解決することができたり、人が解くことができなかった問題を解けるようになったりするように、2010年代以降の問題解決研究は新たな局面に入っている。

PART Ⅱ　ひどい問題と向き合う
——デザイン方法論の戦略

Part Ⅱでは、デザイン方法論が「ひどい問題」に取り組む際にどのような工夫を試みてきたかを扱う。

特に重要な鍵となるのは仮説形成である。あらゆる思考を扱う論理学の知見に基づき、パースによる仮説形成の理論をベン図で視覚的に確認しよう。創造的なデザインに不可欠な仮説形成は、必然的に誤る運命をもっている。このことを論点にすえ、現代の複雑な問題に対峙する専門家の倫理や責任について、建築計画の具体的事例などを用いて考察する。

第5章「推論」では、デザインの考案などのあらゆる思考が、既知の情報を根拠に未知の情報を導く「推論」という論理学分野の形式に当てはめられること、3つの推論形式の中でも特に仮説形成がデザイン問題の主要な方法となることなどについて解説する。第6章「デザインと間違い」では、仮説形成をよりどころとするデザインなどの不良定義問題の解決では必ず誤りうること、誤りを避けられない専門家の倫理や責任、それでも新たなデザインや科学的発見には仮説形成が不可欠であること、そのような板挟みへの対処などについて見ていこう。

第5章 *Chapter 5*

推論

思考が現れる過程

大胆な推論なくして大発見はない。

アイザック・ニュートン[1)]

ここで言う「大胆」とは、「ものを恐れない度胸があること。普通と違った思い切ったことをするさま」である。大発見を成し遂げたニュートンならではの創造の秘訣が語られているが、大発見に至るまでには大胆さがゆえに招いた大間違いもあったかも知れない。問題が解明されるまでにどのような準備や方法が必要なのか、解明される瞬間に何が起きているのか、そのあたりを本章では論理学の知見を頼りに考察していこう。

21 世紀に入り人工知能研究は再び注目を集め、人のように問題を解決する計算機の開発は夢ではないとまで期待が高まっている。現実にチェスや将棋、碁といった高度な知的思考を要するゲーム、CT スキャンや MRI による人体の画像診断や、道路や橋梁の異常検知など、特定の能力に関してはすでに人を凌駕しているといわれる。またそれほど高度ではなくても、人が面倒を感じたり、長時間集中して作業を持続できなかったり、考える時間を要したりする分野ではすでに広範に人工知能的なプログラムが稼働し社会に浸透している。しかしこれらの分野は、いずれも類似した特徴を有している。前章でも確認したように、チェスや将棋は二人完全情報零和ゲームと呼ばれる良定義問題で、問題空間は広大であっても有限で整っている閉じた世界である。取り得る局面は膨大であるが全て列挙することは理論上可能であり、最善手を選択するには高速な計算機で十分な時間をかけて可能な局面の中から最も良いものを選択すれば良い（ただし現時点では宇宙の歴史と同じ時間を費やしても十分ではない）。深層学習が最も真価を発揮する画像解析では、例えば人の顔の膨大な事例を与えるだけで人の顔の本質的な特徴、いわば人の顔の概念を抽出することができる。しかしながらこれも要はニューラルネットワークによる機械学習であり、プログラムに順って誤差を最小化する計算を手続き的にひたすら繰り返しているに過ぎない。与えられたプログラムを超える新たなプログラムを生み出したり、プログラムを工夫して改善したりといったこと[2)]はまだ実現の見込みはない。人工知能により問題解決研究は発展したが、ここで扱われる問題は今なお、20世紀の行動主義心理学の頃から対象としていた良定義問題の範疇を超えてはいないのである。

人や有機体は日々、過去の経験や知識をもとに新たな知識を生み出したり、従来と異なる行為や戦略を試したりしながら、変化する環境に適応しようとしている。デザイン分野においても、最も重要で解決が望まれているデザイン問題は創造性や洞察、新たな解決策を要する不良定義問題である。創造性はどのようにもたらされるか、未知の法則や優れたデザインの発見につながる洞察はいついかなる場合に生じるか、などは昔から多くの研究者や作家の関心を大いに集めていた。ゲシュタルト心理学は、問題の表象や機能的固着が洞察に与える影響を示すなどしたが、ひらめきが生じる論理や仕組みに迫ることはできなかった（第3章3節）。一方、人の思考は論理学などの分野を中心に、「推論」として古代から現在に至るまで研究されてきた。推論とは与えられた情報に基づいて結論を導く認知過程で、思考と呼ばれるものはすべて、推論の過程に現れるとされる。ここではまず推論の各形式を概観し、デザイン問題の解決に資する方法論を考察したい。

1　推論の三形式

推論の形式は伝統的論理学や認知心理学において、演繹推論（deductive reasoning）と帰納推論（inductive reasoning）に二分して研究されてきた。伝統的論理学の起源は紀元前のアリストテレスの時代までさかのぼることができる。そこではこれら二種類の推論のうちでも、特に演繹推論が重視された。演繹推論は推論の内容にかかわらず、推論の形式のみによって、正しい前提から正しい結論を導くことができる。そのため論理学では演繹推論のみが本来の意味の論理的な推論とみなされている。帰納推論はF・ベーコンやJ・S・ミルにより17世紀以降に確立された。帰納推論は具体的な経験に基づいて一般的な言明を行うもので、正しい前提

図5－1●チャールズ・サンダース・パース
パースは清教徒移民の子孫で、父は高名な数学者という家庭に生まれた。若い頃より哲学や数学に非凡な才能を示したが、多くの仕事は存命中に理解されることはなく不遇の生涯を終えた。B・ラッセルやC・ポパーが最大級の賛辞を送っているように、今では米国史上最も偉大な哲学者、論理学者と評価されている。

から必ずしも正しい結論が導かれるとは限らない。このように帰納推論は蓋然的であるため、形式や論証力を重視する論理学では論理的とみなされなかった。

これらの2つの推論形式に対して、19世紀末頃に米国の哲学者C•S•パース（1839–1914　図5–1）はアブダクション（abduction、当初はhypothesisやretroductionと呼んでいた。以下では「仮説形成」と訳す）という第三の推論形式を提唱した[3)]。仮説形成は帰納よりもさらに蓋然性、可謬性が高く、論証力が低い推論であるため伝統的論理学の研究対象ではなかった。パースは次のように述べている。「科学には基本的に違う三種類の推論がある。演繹（アリストテレスがシュナゴーゲまたはアナゴーゲと呼んでいるもの）、帰納（アリストテレスとプラトンのエパゴーゲ）、そしてリトロダクション（アリストテレスのアパゴーゲ）である[4)]」。「たいていの論理学者たちはいつも推論の三分法（演繹•帰納•リトロダクション）を認めるところまで非常に近づいていた。かれらがこの三分法を認めるにいたらなかったのは、ただ、かれらが推論の概念をあまりに形式的に狭く考えすぎた（推論を前提から必然的に出てくる判断に達することとして考えた）からであり、そのために、かれらは

〈仮説〉（あるいは、わたくしはいまではそれをリトロダクションと呼ぶ）を推論として認めえなかったのである[5]」。

仮説形成は伝統的な論理学の主流をなす研究対象ではなかったが、P・ロウ[6]が「不良定義問題の場合には、アブダクションは例外となるよりむしろ、一般的手法となる」と述べているように、この仮説形成が未知の法則発見やデザイン問題の解決などに決定的な役割を果たしていると、今では考えられている。パースは生前は社会的評価に恵まれなかったが、彼の残した功績は偉大で、現在では論理学分野だけでなく人工知能やデザイン、認知心理学分野などにパース理論の研究者、信奉者が多く、仮説形成の研究や実務への応用に大きく貢献している。また、演繹は、当初は推論形式以外の知識が一切不要であるため、人が物事を考える仕組みの本質を表すと考えられていた。しかし後の研究で、人が演繹によって現実の問題を解く際にも自らの持つ様々な知識や経験が関与し、誤り（error）や偏見（bias）を伴うことが明らかにされている[7]。

2　三段論法による推論の三形式

三段論法（syllogism）は2つの前提から1つの結論を導く推論である。定言的三段論法では前提も結論もともに「AはBである」のように、二つの項からなる。例えば「人間は死ぬ」という大前提と、「ソクラテスは人間である」という小前提から、「ソクラテスは死ぬ」という結論を得る推論が典型的である。三段論法は紀元前4世紀にアリストテレスが「オルガノン（Organum）」という著書群で提唱して以来、現在でも論理学分野で研究されている。パースが一連の研究の初期に提唱した推論の三分法に即して、演繹、帰納、仮説形成の形式を例示すると次のようになる。

i．演繹（deduction）
前提1：人間は死ぬ。
前提2：ソクラテスは人間である。
結　論：ゆえに、ソクラテスは死ぬ。

ii．帰納（induction）
前提1：ソポクレスは悲劇『アンティゴネ』を描いた。
前提2：エウリピデスは悲劇『バッカイ』を描いた。
結　論：ゆえに、古代ギリシアの作家はみな悲劇を描いた。

iii．仮説形成（abduction）
前提1：内陸部で魚の化石が発見される。
前提2：その魚は海の魚である。
結　論：ゆえに、内陸部一帯はかつて海であった。

iの演繹は、結論で述べられることはすでに前提に含まれており、前提以外のことは何も結論で言明されない。結論は前提から解明的、分析的に導かれる必然的な帰結となるため、解明的推論（explicative reasoning）や分析的推論（analytical inference）などとも呼ばれる。ひと組の二元一次方程式、例えば$x+y=2, x-y=0$という前提から、$x=1, y=1$という解が一意に得られることに相当する。

これに対して、iiの帰納とiiiの仮説形成は拡張的推論（ampliative reasoning）と呼ばれる。「帰納とは、あることが真であるようないくつかの事例から一般化を行い、そしてそれらの事例が属しているクラス全体についても同じことが真であると推論する場合を言う[8)]」とパースは述べている。上の事例のように古代ギリシア演劇の起源は悲劇であり、数々の名作が知られる。けれども実は古代ギリシア時代には悲劇以外にも喜劇、サテュロス劇という3種類の戯曲があり、悲劇を書いていない作家もいることから、この例の結論は偽で、誤った帰納推論が行われたことになる。もし悲劇という形式のみが確立していた紀元前6世紀以前に限ればこの結論は真となり、限られた前提から一般化された正しい結論が導かれていることになる。このように帰納は個別の事例から一般的な知見へと知識の拡張をもたらすが、常に誤る可能性を含む蓋然的な推論にとどまる。

仮説形成を、パースは次のように定式化している。

驚くべき事実Cが観察される。
しかしもしHが真であれば、Cは当然の事柄であろう。
よって、Hが真であると考えるべき理由がある。

パースはまた、次のような具体例を挙げている。

わたくしはかつてトルコのある地方のある港町で船から降りて、わたくしが訪ねたいある家の方へ歩いていると、ひとりの人が馬に乗ってその人のまわりには四人の騎手がその人の頭上を天蓋で蔽ってとおって行くのに出会ったことがある。そこでわたくしはこれほど重んじられた人となるとこの地方の知事のほかには考えられないので、その人はきっとこの地方の知事に違いないと推論した。これは一つの仮説である。

化石が発見される。それはたとえば魚の化石のようなもので、しかも陸地のずっと内側で見つかったとしよう。この現象を説明す

> るために、われわれはこの一帯の陸地はかつては海であったに違いないと考える。これも一つの仮説である。
>
> 無数の文書や遺跡がナポレオン・ボナパルトという名前の支配者に関連している。われわれはその人を見たことはないが、しかしかれは実在の人であったと考えなければ、われわれはわれわれが見たもの、つまりすべてのそれらの文書や遺跡を説明することはできない。これも仮説である[9)]。

これらの例で驚くべき事実Cに相当するのは「四人の騎手がある人の頭上を天蓋で蔽って通って行くのに出会ったこと」「陸地のずっと内側で魚の化石が見つかったこと」「無数の文書や遺跡がナポレオンに関連していること」である。これらを説明するために導かれたのが、「これほど重んじられた人ならこの地方の知事であろう」「この一帯の陸地はかつて海であった」「ナポレオンは実在の人であった」という仮説である。とはいえ可能な仮説はこれらに限られない。例えば、「地方の知事ではなく素封家」であるかも知れず、「魚はかつて海から内陸の集落に運ばれたもの」であったり、「ナポレオンは伝説上の人物のように創作された架空のもの」であったりするかもしれない。しかしこれらの反例よりもパースの具体例にある仮説の方が理にかなっており、説得力が高いように思われる。ここからも分かるように、仮説形成は帰納と同様に明確な根拠に基づく推論ではあるが、知識の拡張をもたらす一方で帰納よりもさらに論証力が低く、最も可謬性が高い。

図5-2のように、推論は分析的推論と拡張的推論に分類され、分析的推論は演繹、拡張的推論は帰納と仮説形成に分類される。

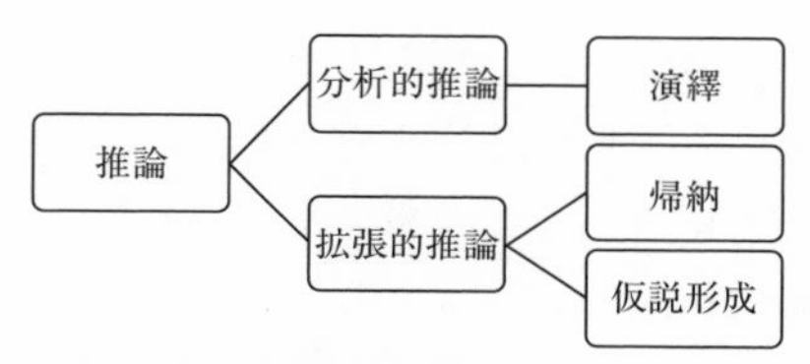

図５－２●推論形式の分類

前述のように伝統的論理学では推論は演繹と帰納に二分して扱われたが、研究の中心は演繹であった。帰納や仮説形成は必然性に欠ける蓋然的な推論であったため、純粋に論理的な推論形式とは認められていない。前述の帰納の事例では、古代ギリシアの数々の悲劇の名作から、古代ギリシアの作家はみな悲劇を描いたという誤った結論を導いた。仮により注意深く100のギリシア悲劇を調べた上での推論であったとしても、101件目に喜劇の存在が判明する場合も考えられる。これは帰納の「不当周延の虚偽（fallacy of illicit minor)」と呼ばれ、前提よりも広く周延（拡張、拡大解釈）する結論を導く誤謬を意味する。

仮説形成は、パースによる定式化によると、驚くべき事実Cが観察され、もしHが真であればCは当然の事柄であろうことから、Hが真であると考えるような推論である。これを記号で表すと(1)のようになる。

仮説形成　$[(A \rightarrow C) \wedge C] \rightarrow A$　…(1)

これは形式論理学では、後件肯定の虚偽（fallacy of affirming the consequent）と呼ばれる誤った（invalid）推論の典型である。同様に演繹、帰納はそれぞれ(2)、(3)のようになる。

演繹　$[(A \rightarrow C) \wedge A] \rightarrow C$　…(2)

帰納 $(A \wedge C) \rightarrow (A \rightarrow C)$ …(3)

演繹は肯定式として妥当な真理関数を表し、帰納は不当周延の誤謬を引き起こすが妥当な真理関数として表されている。仮説形成がパース以前に伝統的論理学で扱われることがなかったのはその形式が論理的でなく、典型的な誤りであったためである。しかし法則発見やデザイン問題の解決など、新たな知識や解決案の導出には帰納、あるいは仮説形成の拡張的推論が鍵となるのも事実である。そして帰納は、『アンティゴネ』は悲劇、『バッカイ』もまた悲劇……というように、事実と法則をいちいち照合して確認するような推論に過ぎないのに対し、未知の知見をひらめいたり、強引に導き出したり(abduct)できるのは仮説形成のみである。パースは次のように述べている。「帰納とアブダクションの大きな相違は、前者の場合はわれわれが事例のなかに観察したものと類似の現象の存在を推論するのに対して、仮説はわれわれが直接観察したものとは違う種類の何ものか、そしてしばしばわれわれにとって直接には観察不可能な何ものかを仮定するという点にある[10]」。

図5-1と式(1)〜(3)は推論の三形式を提示しているが、それぞれの特徴は妥当性や知識の拡張性の点で異なる。「そもそも主要な推論形式の分類としてこれら三形式で十分であるのか?」「これら三形式を同列に論じることに意味があるのか?」などの疑問の余地も残る。以下では、パースが好んで用いた豆にまつわる具体例[11]を拝借しながら、これらの推論の三形式を集合の相互関係の視点から考察したい。できるだけ単純に次の3種類の豆のみを用いて考えてみたい。

A　これらの豆（例えば卓の上などに散らばっている豆）

B　この袋の豆（例えば麻袋などに入った多くの豆）

C　白い豆

①演繹、②帰納、③仮説形成は、定言的三段論法により次のように叙述される[12)]。

ｉ．演繹

　１．大前提：この袋のすべての豆は、白い。（規則）

　２．小前提：これらの豆は（すべて）、この袋の豆である。（事例）

　３．結　論：これらの豆は（すべて）、白い。（結果）

ⅱ．帰納

　３．大前提：これらの豆は（すべて）、白い。（結果）

　２．小前提：これらの豆は（すべて）、この袋の豆である。（事例）

　１．結　論：この袋のすべての豆は、白い。（規則）

ⅲ．仮説形成

　１．大前提：この袋のすべての豆は、白い。（規則）

　３．小前提：これらの豆は（すべて）、白い。（結果）

　２．結　論：これらの豆は（すべて）、この袋の豆である。（事例）

ｉ．演繹の大前提（major premise）は規則（Rule）、小前提（minor premise）は事例（Case）、結論（conclusion）は結果（Result）にそれぞれ対応する。前述の演繹の具体例ではつぎのようになる。

大前提：（すべての）人間は死ぬ。（規則）

小前提：ソクラテスは人間である。（事例）

結　論：ゆえに、ソクラテスは死ぬ。　　　　　　　　(結果)

また２つの前提の順序を入れ替えても推論は成立するので、３つの命題のいずれかが結論になる場合を考えると次の三形式の分類で十分ということになる。すなわち

①演繹は、　　　**規則**と**事例**から、**結果**を推論
②帰納は、　　　**結果**と**事例**から、**規則**を推論
③仮説形成は、　**規則**と**結果**から、**事例**を推論

する形式を備える。ここで推論の三形式には三者間の対称性(triad) が成立している。伝統的論理学では推論を演繹と帰納の二分類で扱っていたことに対し、パースは推論の概念を拡張し、あえて後件肯定の虚偽という形式論理的に誤りの仮説形成を加えて三分類で扱うことを提唱したのである。その理由の一つは、この対称性（互いに要素を交換しても成立する関係）の保持にあると考えられる。つまり、それまでの論理学は厳格な考え方にもとづいて仮説形成を認めていなかったのだが、パースは仮説形成も推論の形式の一つとみなすことにより、自然な対称性が成立すると考えたのではないだろうか。

次に、豆の具体例を図式的にとらえることにより、それぞれの推論形式の論理関係や論証力について考察してみよう。ここで使うオイラー図（Euler diagram）は、集合の相互関係を表す図として知られる。例えば図 5-3 は、哺乳類は動物に含まれ、鉱物は動物とは異なることを表している。「すべての哺乳類は動物である」「すべての鉱物は動物でない」というように名辞論理の命題表現にも用いられる場合がある。同様なものにベン図（Venn diagram）があ

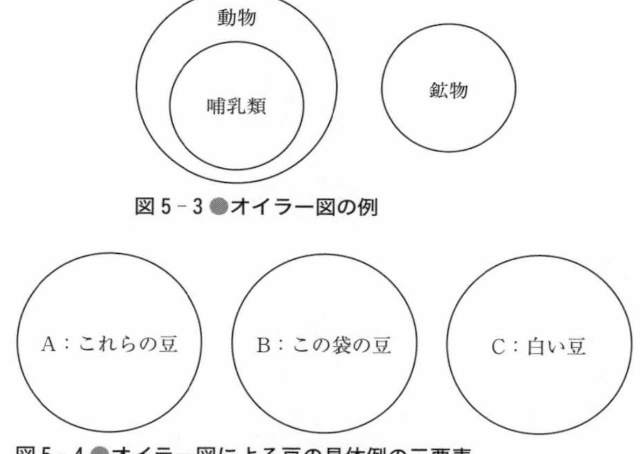

図５－３●オイラー図の例

図５－４●オイラー図による豆の具体例の三要素

るが、ここではより直感的に理解し易いオイラー図を用いる。

パースの豆の具体例をオイラー図にすると、図 5-4 のように表すことができる。以下に推論の三形式を改めて表現する。

ｉ．演繹（deduction）

この状況は例えば次のように叙述される。

1．この袋の豆はすべて白いことが分かっている。
2．卓の上の豆はすべてこの袋からこぼれた豆である。
3．ゆえに、卓の上の豆はすべて白いと考える。

これを三段論法で表し、オイラー図で表現すると次のようになる。

1．大前提：この袋のすべての豆（B）は、白い（C）。(B → C)
（規則）

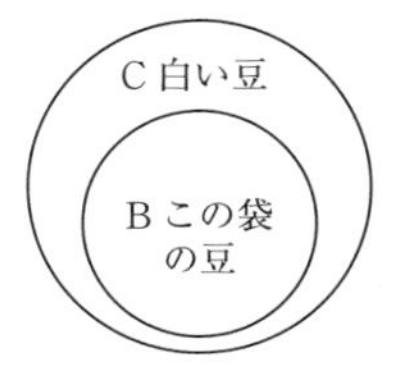

2．小前提：これらの豆は（すべて）、この袋の豆である。（A → B）（事例）

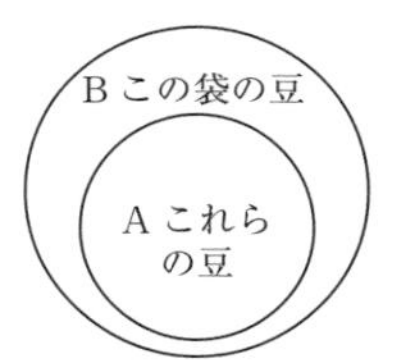

3．結　論：これらの豆は（すべて）、白い。（A → C）（結果）

前提から導かれる A, B, C の相互関係を描くと、次のようにただ 1 通りとなる。

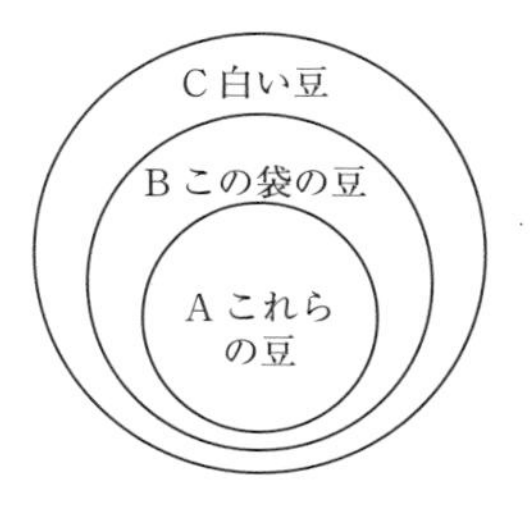

・結論は前提に含まれている。
・内容にかかわらず前提が真なら常に結論も真で、実世界の経験的事実とは無関係。

・新しい知見をもたらすことはない。

ii．帰納（induction）

この状況は例えば次のように叙述される。

豆がたくさん入った袋があるが、どんな豆が入っているか分からない。袋から豆を次々と取り出して卓の上にならべてみる。
3．卓の上の豆はすべて白い
2．卓の上の豆はすべてこの袋からこぼれた豆である。
1．ゆえに、この袋の豆はすべて白いと考える。

これを三段論法で表し、オイラー図で表現すると次のようになる。

3．大前提：これらの豆は（すべて）、白い。(A → C)　　（結果）

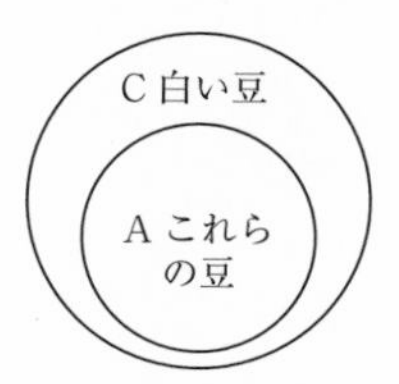

2．小前提：これらの豆は（すべて）、この袋の豆である。(A → B)
（事例）

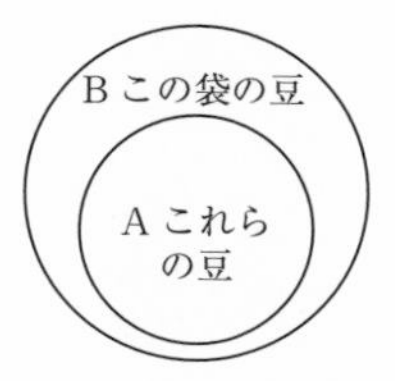

1．結　論：この袋のすべての豆は、白い。(B → C)　　（規則）

この結論は形式論理では誤りとなる。(不当周延の虚偽)

前提から導かれる A, B, C の相互関係を描くと、次のように 3 通りの場合が考えられる。

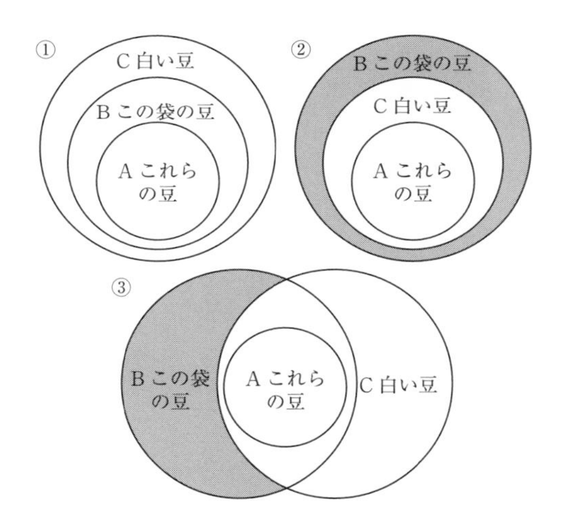

- B（この袋の豆）で、C（白い豆）でない場合（②、③の灰色部分）がある。
- ②、③の場合、B（この袋の豆）は、C（白い）（B → C）は部分的に成立している。
- この袋のすべての豆は白いという帰納推論の結論は、不当周延の虚偽を侵している。
- ただし「A（これらの豆）は C（白い）」という経験的事実確認を増やすことにより不当周延（②、③の灰色部分）の領域が縮小し論証力が高まる。

iii. 仮説形成（abduction）

この状況をパースは次のように叙述している。

> わたくしがある部屋に入ってみると、そこにいろいろな違う種類の豆の入った多数の袋があったとする。テーブルの上には手一杯の白い豆がある。そこでちょっと注意してみると、それらの多数の袋のなかに白い豆だけが入った袋が一つあるのに気づく。わたくしはただちに、ありそうなこととして、あるいはおおよその見当として、この手一杯の白い豆はその袋からとり出されたものであろうと推論する。この種の推論は仮説をつくることと呼ばれる[13)]。

いくつかの豆が卓の上に散らばっているが、なぜだか分からない。

1．この袋の豆はすべて白い。
3．卓の上の豆もすべて白い。
2．ゆえに、卓の上の豆はすべてこの袋からこぼれた豆であると考える。

これを三段論法で表し、オイラー図で表現すると次のようになる。

1．大前提：この袋のすべての豆は、白い。(B → C)　　　（規則）

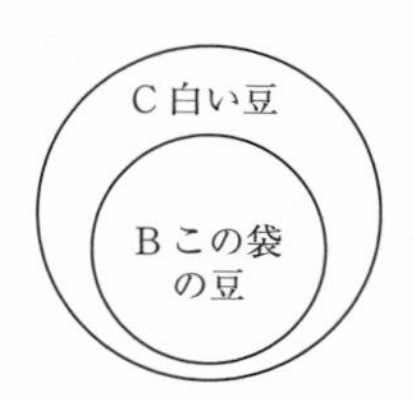

3．小前提：これらの豆は（すべて)、白い。(A → C)　(結果)

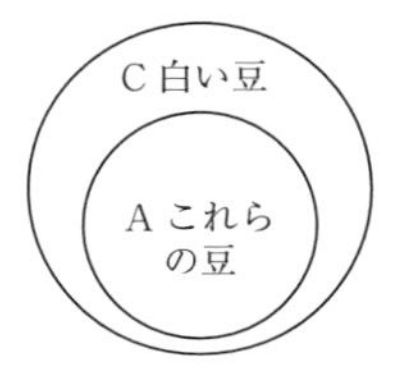

2．結　論：これらの豆は（すべて)、この袋の豆である。(A → B)
(事例)

この結論は形式論理では誤りとなる。(後件肯定の虚偽)

前提から導かれる A, B, C の相互関係を描くと、次のように 4 通りの場合が考えられる。

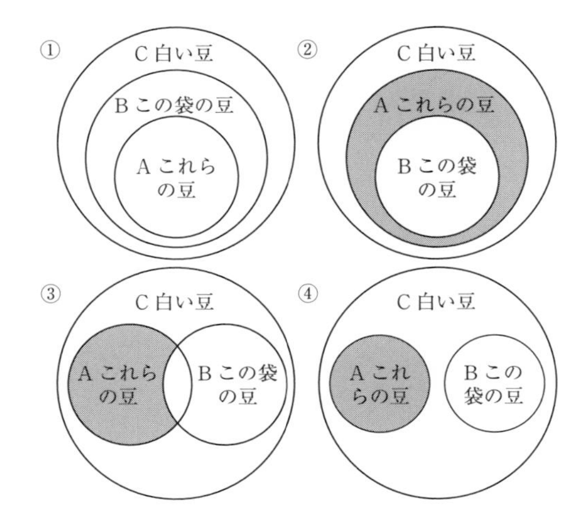

・A（これらの豆）で、B（この袋の豆）でない場合（②、③、④の灰色部分）がある。

・②、③の場合、A（これらの豆）は、B（この袋の豆）である。（A → B）は部分的に成立している。
・④の場合、A（これらの豆）は、B（この袋の豆）である。（A → B）はまったく成立しない。
・A（これらの豆）はB（この袋の豆）という仮説形成推論の結論は、後件肯定の虚偽を侵している。

以上のようにオイラー図により表現した推論の三形式について、２つの前提から導かれる可能な結論のすべての場合を整理すると、次のようになる。

演繹：前提から唯一の図式が導出され、結論（A → C）が常に成立している。
帰納：前提から３通りの図式が導出され、結論（B → C）が常に成立するのは①の場合のみで、②と③の場合は部分的にしか成立しない。しかし成立しない部分は、試行の量、ここではこぼれた豆が白いかどうかの確認回数、が増加するにつれ減少する。結論が成立するかどうかは試行や経験の量的問題となる。このように帰納は部分から全体、特殊から普遍を推論することにより知識の拡張をもたらす。
仮説形成：前提から４通りの図式が導出され、結論（A → B）が常に成立するのは①の場合のみで、②と③の場合は部分的にしか成立しない。そして④の場合はまったく成立しない。

推論の三形式の前提から導出される場合を列挙したとき、この仮説形成の④の場合を除いては、結論が常に成立するか部分的に成立するかのいずれかで、結論に含まれる２つの項は何らかの関係性を有している。けれども仮説形成の④の場合は、Aこれらの豆とBこの袋の豆は互いにまったく関連のない事象である。こ

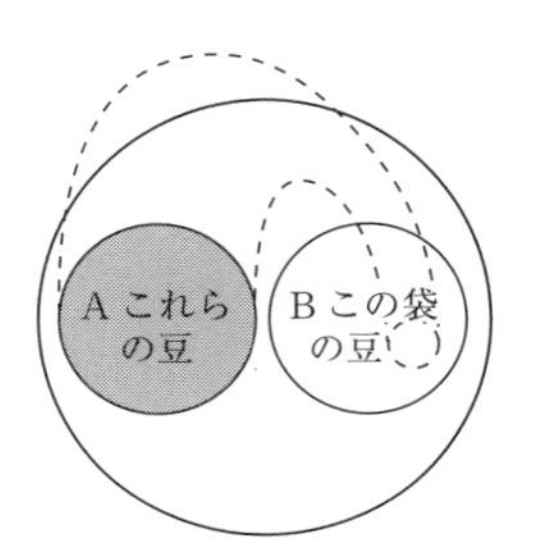

図 5－5 ●無関係な事象の関連付け

のように仮説形成は、図 5-5 のイメージで表されるような、無関係な別世界の事象であっても、あたかも高次元から橋渡しをして無理矢理関係づけて結論を導出するような特殊な操作を受け入れている。当然このような推論は可謬的で脆く、論証力は極めて低い。しかしながら新たな概念や未知の法則の発見のような、従来の経験の延長線上にない知識の拡張には、仮説形成こそが唯一の手段となるのである。演繹は、そうでなければならない（must be）ことを証明し、帰納は、「今のところ現にそのように存在している（actually is）」ことを示し、仮説形成は、「そうであるかもしれない（may be）」ことを暗示する推論であると形容することもできるだろう。

関連するパースの言説に次のようなものがある。

> アブダクションは説明仮説を形成する方法（process）であり、これこそ、新しい諸観念を導入する唯一の論理的操作である[14)]。
>
> それ（帰納）はなんら新しい観念を生み出すことはできない。同

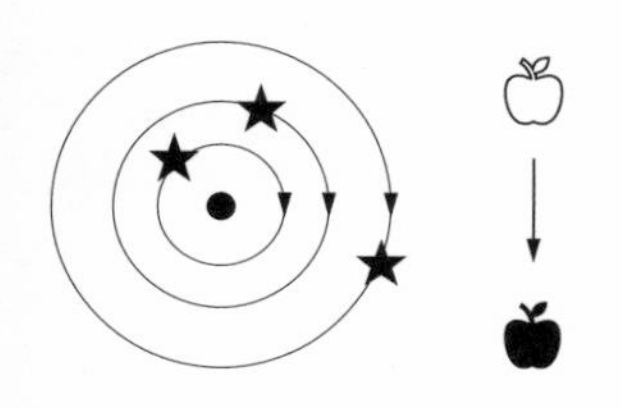

図5-6●天体の運動と林檎の落下
長年これらは無関係な事象と考えられていた。ニュートンによる両者を強引に結びつける発想により歴史的な法則発見につながったという。

様に演繹にもできない。科学の諸観念はすべてアブダクションによってもたらされるのである[15)]。

3 仮説形成による法則発見

では仮説形成はどのように生じ、新たな観念や概念をもたらすだろうか。歴史的な科学的発見を事例として考察したい（図5-6）。ニュートンの初期の伝記を書いた同時代のウィリアム・ステュークリは、晩年のニュートンとの会食後の会話を次のように記している[16)]。

（ロンドンのニュートン邸にて）昼食後は非常に暑かった。われわれは庭に出て、数本の林檎の木陰で茶を飲んでいた。そこにいるのはわれわれ3人だけだった。話の間、アイザック卿は私に語った。重力に関する思想が私の頭に初めて浮かんだときも、私はちょうど今と同じ姿勢をとっていたと。ニュートンが思索に沈みながら座っていると、林檎が落下してつぎのような思想が彼の頭に浮かんだのだった。林檎はなぜいつも垂直に落ちるのか、何故わきの方ではなくていつも地球の中心に向かって落ちるのか、ニュートンは頭の中で考えてみた。物質の中には引力があって、それが地

> 球の中心に集中しているのでなければならない。もし一つの物質が他の物質を引きつけるならば、その大きさの間には比例関係が成り立っていなければならない。そのために林檎は、地球が林檎を引くのと同様に、地球を引くのだ。だから、われわれが重さと呼ぶものと同様の力があって、それが全宇宙に広がっているのでなければならない。

この記述の真偽は定かではない。ただし哲学者のヴォルテールもニュートンの姪の話として同様の逸話[17]を記しており、歴史的発見の瞬間を物語るものとして興味深い。パースによると仮説形成は「驚くべき事実（surprising fact）」への「気づき（observe）」が契機となる。ここでのそれは「林檎はなぜいつも垂直に落ちるのか」の場面だろう。驚きとは感情の一種で、「精神」が担う論理的、手続き的な思考ではない。洞察、直観、ひらめきといった事象と似た、論理では説明できない突発的な「心」の動きととらえられる。この世界のあらゆる事物の運動を説明する極めて論理的な法則の発見が、このような非論理の領域から閃光のように立ち現れることは拡張的推論の仮説形成の本質として当然であるのかもしれないが、不思議である。それではこのような仮説形成とその契機である驚きは、待っていればだれにでも湧き起こるものだろうか。

パースは次のように述べている。「人は諸現象を愚かにじろじろみつめることもできる。しかし創造力の働かないところでは、それらの現象はけっして合理的な仕方でたがいに関連づけられることはない[18]」。つまり身の回りの事象の変化や特殊性、いわば世界がつかの間に暗示する手掛かりやヒントに対して、それらを受け取る心の準備ができていなければ、感情の網にかかることもなく徒に過ぎ去ってしまうと。ニュートンの発見は、林檎の落下の瞬間にすべて成し遂げられたわけではない。そこにいたるまでの次のような長い道のりを経た末の、ニュートンの貢献はその最後の、最も困難で不可欠な飛躍的な一歩であったととらえるのが妥当である。物体の落下に関する現象についてアリストテレスはかつて、物体が落下するときの速度は、物体の質量に比例すると唱えた。それに対しガリレオはすべての物体は同じ速さで落下することをピサの斜塔実験で示したと伝えられる。一方、天体の運動については、古代ギリシア時代のプトレマイオスが天動説に基づく円運動の組み合わせで天体の運動を説明する理論をつくりあげた。16世紀初めにコペルニクスが天動説を覆す地動説を提唱した。ティコ・ブラーエは観測器具の精度を向上させ、惑星の運動を高い精度で記録した。ティコの助手のケプラーはティコの惑星運動の記録を20年あまりかけて整理し、惑星の軌道が従来信じられていた真円ではなく楕円であることなどをケプラーの法則として示した。地上の物体の落下と天体の運動はそれぞれ異なる世界の事象であって、それらを結びつけて考えようとする者はなかなか現れなかった。古代から、天文学や物理学でそれぞれ独立に発展した知識体系は17世紀半ばに頃合い良く醸成され、より統一的な理論として見出されるきっかけを窺っていた。そんな中ある夏の日の昼下がり、あたかも自然が手の内をほのめかすように手放した林檎が、鮮烈な驚きとなってニュートンの心を動かし万有引力の法則を導いた……そのように解釈できるかもしれない。

ニュートンの万有引力の法則や運動の三法則などの理論は『自然哲学の数学的諸原理（*Philosophiæ Naturalis Principia Mathematica*）』として 1687 年に出版されている。近代以降の自然科学の主役となる古典力学の諸理論が掲載された数百ページにのぼる大著であるが、法則の説明には冒頭の 2 ページが当てられるのみで、残りはすべて法則に基づく事例の説明にあてられている。つまり仮説をいかにして導くにいたったかや、当然のことながら林檎の逸話などには一切触れられることなく、大部分はただ演繹的な事例の記述に終始している。ニュートンは本書の注解で「私は仮説を立てない（Hypotheses non fingo）」と述べている。万有引力の法則を提示するにあたって、引力がなぜ発生するか、何のために存在するのかということには言明せず、引力がどのような法則によって機能するのかという説明のみを重視し、それをもたらす原因については推測する必要はないという立場を表明している。

4 推論の三形式による探究

新たな法則発見やデザインの創造には仮説形成が必要であり、仮説形成の糸口には心の動き、感動があるという。そして仮説形成はただ座して待っていれば湧き起こるものでなく、関連分野の豊富な知識や、驚きや好奇心に敏感な心の準備が大切らしい。そしてたとえ仮説を導いたとしても、誤りである可能性が際立って高いという。とすれば仮説形成により新法則や創造的な案を導出することは、われわれにとって随分と敷居が高く、とても実用に耐えないあやふやな方法のように思われてくる。仮説形成はニュートンのような傑出した人物であるがゆえに可能な方法なのだろうか。パースはこれに対して、「探求の論理学（the logic of inquiry）」という方法論を提唱している。また人はだれしも正しく推測する能力を有するとも述べている。これらについて以下で見てみたい。

法則や新たな観念の導出には仮説形成が唯一の手段であると、パースは主張した。けれども仮説形成は後件肯定の虚偽をおかしていることから、形式論理的には誤った推論でもある。パースの理論は伝統的論理学の立場からすると乱暴にさえ見えるかもしれない。しかし実際には、彼は演繹的形式論理の分野でも多くの先駆的な成果を上げていて、現代の記号論理学の発展への貢献も大きく、けっして形式論理に疎かったわけではない。パースは形式論理があまりに形式的になり、現実と乖離した数学になることを危惧した[19]。パースの「探求の論理学」では、推論の形式的妥当性よりも、新たな知見を導く推論の実効性が重視される。プラグマティストであるパースの価値観がここによく表れている。「探求の論理学」では、仮説形成の知識の拡張性を尊重し、可謬性を補う方法論を提示している。それは次のような仮説形成と演繹と帰納という、推論の三形式を組み合わせた探求の方法論ととらえられる。

第一段階は仮説形成で、普段と異なる状況や興味を引く概念など、ある驚くべき現象の観察からはじまり、その現象に妥当な説明を与える仮説が導出される。

第二段階は演繹で、先の仮説から必然的に導かれる帰結が収集される。

第三段階は帰納で、先の帰結がどれだけ現実の経験と適合するかが検証される。

ニュートンの探求では、初めにある驚くべき現象を通して物体の落下現象と天体の運動を結びつける概念が何にせよ導出される。次にその概念が慣性の法則、運動量保存の法則、作用反作用の法則として数式化されて、そこから導かれる諸現象が演繹的に収集される。最後にそれらの現象の予測が実験による観測事実と適合するかが帰納的に検証される。このような一連の過程を通して仮説の誤りは修正され、発見された法則の有効性が高まってゆく。仮説形成は自由に知識を拡張する長所と、論証力が脆弱である短所をあわせ持つが、帰納による検証により仮説の妥当性が保証され、演繹が両者の橋渡しを担うのである。例えば、17 世紀末に発表されたニュートンの古典力学は、当初はあらゆる物体の運動を記述する万能な法則であると信じられていた。しかしその後水星の軌道などについて、推測値と実測値の間に単なる観測誤差として看過できない乖離があることが次第に明らかになる[20)]。そして 20 世紀初頭のアインシュタインによる新たな重力理論である一般相対性理論の登場により、水星の軌道計算をはじめとする古典力学のほころびが補正される。けれどもその後、一般相対性理論は原子や電子といった微小な世界には適用し難いことが分かり、量子論がその部分を補完することになる。このように自然科学では推論の三形式が相互に補完することにより知識が拡張するとともに、反証され、修正が繰り返されてきた。今後もこのような探求が絶えることはない。

ところで偉大な科学者が残したのは華々しい成果だけではなく、陰の部分があることも知られる。ニュートンは画期的な発見の一方で中世的な錬金術や、聖書の独自の解釈による終末論の研究にも没頭していたといわれる。ケプラーはまた、惑星の動きには音楽的な調和があるとの理論も提唱しており、惑星の動きに合わせた音階まで制作していたという。アインシュタインは不確定性原理などのコペンハーゲン解釈を終生受け入れることができなかった（あるいは受け入れようとしなかった）。仮説形成は人類の知識を飛躍的に拡張させる歴史的な法則発見をものにする一方で、ときには奇想天外で特異な仮説を生むこともまたこの推論の興味深い特徴の一面を物語っている。

パースはすべての人間には「正しく推測する能力（the power of guessing right）[21)]」が備わっているという。彼はその理由として、あらゆる仮説は試行錯誤によって網羅的に試されることなく、多くの場合、たかだか有限回の推論によって正しい仮説に至ることを挙げている。人や動物は長い進化の過程で自然や外界の影響のもとでそれらに対する本能的洞察力を身に付けているはずである[22)]という。まさにこの指摘のように、われわれはみな、正しく推論する能力を生得的に有している一方、生得的に誤った推論を行い得る存在でもある。

第6章 Chapter 6

デザインと間違い

構えのある心

幾度も挑戦した。失敗ばかり。大したことじゃない。また挑戦。また失敗。失敗がましになる。

サミュエル・ベケット（"Worstward Ho[1]"）

デザイン問題の多くは不良定義問題であった。何らかの前提に基づいて結論を導く思考は推論と称され、論理学分野の研究が厚い。しかし、不良定義問題は論理学ではうまく扱うことができない。不良定義問題の解の導出を推論ととらえると、問題の前提が不十分、不整合なため、演繹により分析的に結論を導くことができないためである。それでも何らかの結論を生成しようとすると、帰納や仮説形成のような拡張的推論が必要となる。これらの推論形式は不当周延あるいは後件肯定の誤謬という形式論理上の誤りを伴うため、常に誤った解を導き得る。前章では抽象的な考察を扱ったので、ここでは建物の設計のような具体的なデザイン問題を想定して、不良定義問題の解決過程をとらえたい。

1　デザインと仮説形成

同条件、十人十色の設計案

前述の豆の事例にならい、もっとも単純な仮説形成的推論による問題解決を三段論法の形式で考える。

iii. 仮説形成（abduction）

1．大前提：南向きの大きな窓があると、明るく快適である。（規則）

3．小前提：施主が望む家は、明るく快適である。（結果）

2．結　論：施主が望む家は、南向きの大きな窓がある。（事例）

これは次のように表すこともできる。

・（驚くべき事実C）「南向きの大きな窓がある家は明るく快適である。施主の望みもまたそのような明るく快適な家であった」

・（仮説H）「施主が望む家は、南向きの大きな窓がある家であるはずである」という仮説を立てると、（驚くべき事実C）が矛盾なく説明される。

・よって、（仮説H）が真であると考えるべき理由がある。

$$\frac{(C \quad H \supset C)}{H}$$

この形式は上式のように表され後件肯定となる。内容に着目しても、二つの前提は問題の定義としてまったく不十分で、それらから仮説的に導かれた結論も短絡的である。施主は明るく快適な家を望んでいる。けれどもどのようなデザインが明るく快適な家を実現するのか、空間計画の方針や技術などは分からない。この要求は設計者との対話を通して明らかになった知見かもしれない。あるいは施主が雑誌などから選んだ写真から設計者が推測したことかもしれない。であればこの時点ですでに別の仮説形成が用いられていることになる。施主が示したインテリアの写真は確かに明るく快適な居住空間を印象づけるかもしれないが、施主がその写真を好んだ理由は他にも数多く考えられる。床や壁の材料や色合い、空間の広さ、家具の配置、それらが生み出す雰囲気のようなものが、長年あたためていた理想像に重なったのかもしれない。施主との対話によって明確に「明るく快適な家」が望みであることを聴取できたとしても、それが最も重要な条件であるのか、他の数多くの条件の中の一つに過ぎないのか、そもそも住宅を建てることが初めてで専門家でもない施主が自らの理想の家を明確に把握できているのか、といった疑問の余地が残る。施主やその家族はこれから建てる住宅のイメージを膨らませ、雑誌やウェブサイトから好みの事例を収集した。当然あらゆる事例を検討したわけでなく、仕事や日常生活の合間に調べる中でたまたま遭遇した限られた事例のうちから、それぞれの価値観に合う写真を選んだに過ぎない。とすればこの時点で雑誌やウェブサイトの編集者の意図や感性、流行や市場調査などによって探索空間がすでに大幅に限定されていることになる。また施主、妻、子どもたちが好むインテリアの特徴は相矛盾する可能性もある。施主は一世一代の新築なので妻や子ども達の要求もできるだけ多く取り入れたいと考えるが、予算や工期、維持費、将来売却する時の資産価値なども無視するわけにはゆかない。自らも仕事で多忙であるため家づくりにそれほど時間を割くこともできないし、様々な条件を考え始めると住宅の設計という問題は予想以上に複雑で手に余ることが分かる。こちらが事細かに注文をしなくても、専門家ならば意図を汲み、自分たちの要求にとどまらずそれを上回る住宅をまとめ上げてもらいたいとも思っている。そこで先ほどの「明るく快適な家」といった限定的な言明が、陰に陽に設計者に伝えられることになる。

一方設計者は経験から、施主側の要望はしばしば過剰であったり、不明瞭であったり、予算や法令といった動かせない制約と衝突する場合があり、必ずしもすべての要望に応えようとすることが最善でないことも承知している。けれども施主にとっては大きな買い物である。設計者は施主の代理人として設計監理業務に関与するのに対して、施主は当事者として住宅を所有し、竣工後も長い時間をその住宅とともに過ごす。住宅は日々の暮らし、家族の健康や安全、喜びや悲しみなど人生の様々な出来事の器となり、また資産となって施主や子孫の人生にも少なからず影響を与え続ける。災害に強く、暑さ寒さがしのげ、必要な設備が整った、標準的な仕様で経済的な住宅は、多くの顧客にとって最も妥当な解決案となり、費用に対して十分な満足が得られるものとなるだろう。けれども画一化されたデザインで大量生産され一定期間で消費される工業製品のような住宅では味気ない。時がたつほど愛着を生む仕立ての服のように、施主家族の個性や敷地、周辺の町並みに合わせて誂えられた住宅でこそ居住者の尊厳が保たれるとも考えられる。

善良な設計者なら建物の床面積や高さの制限、関連法令や、敷地にかかる都市計画、インフラなどを調査して可能な計画の範囲を予め推量しておく一方で、依頼人である施主やその家族との対話を通して明確な必要条件だけでなく、様々な要望や価値観、生活様式、将来の計画など幅広く把握に努める。このような不良定義問題は手続き的に解決することはできない。合理的な解決が不可能であることを承知の上で、それでもなお解決を目指すには何らかの行為、つまり仮説形成が求められる。これは行為の主体により様々となる。建物の設計では、10 人の設計者に同じ条件で依頼すると 10 通りの案ができるといわれる。あるいは同じ設計者であっても時期や状況によって異なる解決案が導かれるだろう。これは設計競技という一定条件の設計問題に対する提案を競う場合を見ても明らかである。十分訓練された経験豊かな建築家が参加する設計競技であっても、提案は類似するどころか、解答案に至る方法から概念まで極めて多様となる場合が多い。彼らはみな有資格者で、多かれ少なかれ同種の訓練を経ている。同じ敷地、同じ前提条件でその分野に深く通じている専門家が最善と信じる案を探求しても、創出される案が互いに大きくかけ離れるのは興味深い。

仮説形成の連鎖

この理由としてまず、設計問題の前提条件の解釈においてすでに仮説形成が用いられていることが挙げられる。依頼人との関係の形成方法、それにより収集される必要条件や要望、価値観などの情報の量や確度は、設計者の能力や方針に依存して異なる。ある設計者は施主と緊密な信頼関係を築くのを得意としていて、細かな注文やクレームに十分配慮し、長い時間を掛けて施主との共同作業で案を深めてゆく。またある設計者は材料の選定や意匠に特色があり、どんな敷地、与条件であっても、施主もそれを望むためか、自らの作品の傾向に沿うように案を導いてゆく。このようにスケッチや図面の制作といったいわゆる設計行為に先立ち、設計問題の定義や再定義、前提条件や制約条件の整理の段階で、設計主体に依存した行為、仮説形成が行われる。

また、有する知識、技術、専門領域、得意分野なども設計者により異なる。ある設計者は複雑な空間構成や斬新な意匠を、またある設計者は高い断熱性能や省エネ性能を専門とする。芸術分野で顕著な経歴を持つ設計者、工学分野の経験や関心が豊富な設計者、材料や構法、市場の動向に詳しく費用を抑えた設計を得意とする設計者など様々である。住宅の設計に関連する知見は建築学にとどまらず、物理学、化学、数学、美学、歴史学、心理学、環境学、情報学、計算機科学、文化人類学、経済学、法学など広範な関連領域に展開している。だれもそれらを網羅的に修得することはできないので自ずと修得範囲の限定が行われる。そして、初めから経験豊富な設計者はいないように、みな所属する教育機関や組織、携わる仕事によってその分野固有の知識、技術を局所的に習得してゆく。未経験であったり知識が不十分な分野の業務に関与する場合は、その分野の知識を努めて収集し学習したり、熟達者を頼って共同で解決にあたったりする。自らが選択した専門家としての経歴、興味を持ち知識を深めた分野、関与した仕事、協働相手、これら自己の訓練や研鑽の履歴においても、演繹的な一筋縄の道程でなく、複雑な紆余曲折を経て様々な仮説形成が介入する。

さらに、計画案の提案には工期などから定められる期日がある。設計に費やすことのできる時間は有限である一方、可能な解決案の選択肢は膨大にのぼる。そのため通常は初期段階において、大胆な割り切りによる設計問題の簡略化、つまり探索空間の大幅な限定が必要になる。これにより必ずしも最適解、あるいはその近傍の優良解にたどり着けない可能性を伴うが、設計期間の制約は他のあらゆる条件に優先される場合が多い。設計期間に余裕がある場合であっても、不良定義問題では可能なあらゆる解を検討することは不可能なので、いずれにしても設計者に依存した設計問題の再定義、探索空間の限定が不可欠となる。これもまた仮説形成的に行われる。

このように実際に設計問題に取り組みスケッチなどによる創案を始める前でもすでに、設計者により異なる多段階の仮説形成が組み込まれていることが分かる。ここからそれぞれの設計者は最終案に至る設計過程の中で様々な戦略や方法論に基づいて試行を繰り返すが、ここでは文字通りの仮説形成が幾度も用いられる。

以上のように、設計者は有限の時間の中で、自らの、あるいは協働する専門家の知識、技術を活用し、不足する知見を補いながら、最善の努力により施主の代理人として最も妥当な案の探索を行うことになる。ここでは専門家としての自己の経歴や知識・技術、依頼人との関係、協働者や組織の選択、設計問題の把握、時間配分、設計問題の定義と再定義、用いる戦略や方法論、施工者の選択や工事方法といった各局面で数々の仮説形成が行われる。

結果として単一の設計問題に対して多種多様な解が創出される。

2　倫理と間違い

はじめに住宅の仕様をめぐる逸話を例に挙げたい。

Case Study 2　「だれのせいでもないけれど……」
——太陽光発電選択の問題

基本設計図がおおかたまとまりつつある頃、ある若い建築士は施主から電話を受けた。

施主：太陽光発電の件ですが、一度はお断りしましたがやはりつけるべきかと考えています。

建築士：太陽光発電はメンテナンスも不要で、いずれ元が取れるのでつけることをおすすめします。

施主：いくつか心配があります。木造三階建ての屋根に重い物を載せて、耐震性に影響はありませんか？

建築士：荷重を考慮して構造計算を行うので心配ありません。

施主：屋根に固定する部分からの雨漏りは大丈夫ですか？

建築士：実績ある工法で、技術力の高い工務店が施工するので大丈夫です。

施主：電気の買い取り価格が下がっているそうですが。

建築士：仰るとおりですが電気料金が高騰しているので売電しなくても自家消費で電気代を軽減できますよ。

施主：建築工事費を抑えたいので、将来余裕ができた頃に工事をするのはどうですか？

建築士：新築時に併せて施工する方が総額を抑えられ工事も効率的です。

施主：新築時に思い切ってつけてしまうのがいいわけですね。

建築士：そうです。いまは様々な補助金もあるので太陽光発電を選択される方が多く、みなさんつけて良かったといわれます。蓄電池を組み合わせるとさらに効率が上がります。

施主：お隣の家もつけているようですし、これから建てる家ならあって当然かもしれませんね。では当初の提案通りにお願いします。

建築士は当初提案していたZEH（ゼロエネルギーハウス）と呼ばれる仕様とし、施主は住宅ローンを増額したものの、光熱費やエネルギー消費量の大幅な低下に満足し、建築士の提案と自らの決断をたたえた。ひと夏が過ぎた頃、南側の道路を挟んだ向かいの銭湯が突然取り壊された。そしてすぐさま14階建てのマンションの建設が始まった。施主や近隣の住人の反対運動の効果もなくマンションはそびえ建ち、真向かいの施主の家を含む付近一帯は、日中はあまり日が当たらなくなった。

架空の話としても施主の落胆は想像に難くない。あるいは建築士に対する不信感や怒りを覚えたかもしれない。この話の主な登場人物は、施主、建築士、マンション建設業者の三者である。だれが被害者でだれがその責めを負うだろうか。施主は将来のために多少無理をして投資を行ったにもかかわらず、結果として投資効果が大幅に減少し、投資額の回収の見込みも立たなくなった点で、被害者といえるだろう。

それではマンション業者は加害者といえるだろうか。建物が実現するには関係するあらゆる法規を適正に満たす必要がある。このマンションも当然ながら建築基準法をはじめ都市計画法、景観法、下水道法、埋蔵文化財保護法、駐車場法、自治体の条例などの関係法規を満たし、必要な許可、認定を受けている合法的な建築物である。開発業者も経験ある専門家集団で、自らの利益のため、あるいは競合企業に先んじるために投資効率の最大化を目指して、容積率や高さ制限の限度一杯のマンションを建設するのは合理的な経営判断であろう。過密な都市部では日照や眺望､騒音、電波障害、空気汚染、ゴミなどが近隣の問題となることは珍しくない。都市居住者は、都市の便利さや人や物の集積による恩恵に浴するなら、集積に起因する課題を予見し、受け入れることも求められる。

ならば建築士は加害者だろうか。「ZEH」という、エネルギー消費を低減し、断熱性や気密性に優れ、地球環境にも配慮した先進的な住宅を提案することは、自らの利益というよりも施主の利益の最大化を目指した結果であり、建築士の善なる努力によるものである。また建築士は有する知識の範囲内で最良と思われる助言を行ったに過ぎず、最終的な意思決定は施主に委ね、無理強いはしていない。当初は価格が折り合わなかったZEHという建築士の提案に改めて興味を示して方針を変えたのは施主であった。もし銭湯が取り壊されず存続していたなら、発電は当初の推計通りに最大効率で行われ、10年足らずで投資が回収されたはずである。その後は利益が乗る一方となり、長期にわたって家計負担を軽減するだろう。施主はエネルギー消費や環境負荷の低下を実感しながら快適な生活をおくることができ、ZEH を採用した選択を誇らしく感じるだろう。

それでは建築士もまた施主と同様に被害者なのだろうか。当時の持てる知識や能力をすべて用いて最善の努力の結果、太陽光発電の採用という仮説形成を行った。今後一層高まるであろう地球環境保護や省エネへの社会の要求をとらえ、ZEH に対する補助金を最大限活用しながら、施主にとって最善と思われる仕様を提案した。敷地の外で第三者が将来計画することまで予測することはだれにもできない。施主は建築士の善意を汲んで、責めることも不満を漏らすこともなく、われわれは不運だったと労いさえした。

結果的に誤りとなる仮説形成推論と倫理

とすると、これら登場人物のだれひとりとして悪意を持つことなく、みな倫理的で最善の行為の結果このような予期せぬ状況が生じたことになる。施主、建築家、マンション建設業者はそれぞれ不確実性に起因する危険を負って仮説形成を行った。結果として施主と建築家の仮説は偽、マンション建設業者の仮説は真となった。けれどもこれでお互い様、一件落着かといえば、どこか釈然としない思いが残る。結果だけを見れば、施主は確かに損失を被り、建築士の助言はその損失の決定的な一因をなしている。はたしてマンションの建設は予見できなかっただろうか。旧来の銭湯の数が年々減少しているのは周知の通りである。この銭湯だけがいつまでも存続するわけはなく、遠からず取り壊しや用途変更が行われ得ることはある程度予見できたはずである。駅に近く居住地として人気のある近隣一帯ではマンションの建設が盛んである。銭湯跡地のようなまとまった用地となればマンション建設は有力な候補となる。施主の家と銭湯がともに面する道路の幅員は十分広く斜線制限に余裕があることから、そこに高層の建物が建つ可能性に思い至るべきだった。けれどもこれらはすべて後日談に過ぎない。いまのところ唯一仮説が立証されて順調なのはマンション建設業者であるが、この先の近隣の状況の推移によっては、仮説が突然偽に転じる可能性もあるだろう。例えば思いもよらぬ嫌悪施設が近くにできてマンションの人気が下がり空室が増える、などということもないとは限らない。

この逸話のように、結果的に誤りとなる仮説形成推論により、専門家の倫理や責任が問題となることはしばしばある。建物の計画や設計、施工、監理、運用の過程には無数の仮説形成が介入し、結果として少なからず誤りや不如意が生じる。この太陽光発電の事例では、当初は仮説が真となり想定通りに進んでいたが、しばらくして突然予期せぬ状況の変化が生じ、真であった仮説が偽に転じた。研究者や専門家による新たな法則の発見や技術の開発などにおいても、当時の知見や常識では正しいと信じられたことが、後に誤りであると判明する事例は数多く知られる。

建物の設計に関することでは、回転扉がある。回転扉はもともとドイツや米国で開発された。風除室が不要、冷暖房効率が高い、気圧変化を抑制するといった従来の開き戸や引き戸に対する革新的な優位性から、扉の開閉が頻繁なオフィスビルやホテル、百貨店などの玄関に次々と採用された。けれども 2004 年に発生した死亡事故を境に新設建物への採用が途絶えるだけでなく、すでに設置済の国内の回転扉もことごとく撤去された。その後、何重にも安全措置を講じた高機能な回転扉が開発されているが、国内では依然として忌避される状況が続いている。人命が失われた点で深刻な事例であるが、当初もてはやされ最善とみなされていたものが、誤りや欠陥の判明により評価が一転することを示すものである。

建物の材料では、石綿（アスベスト）などが知られる。耐熱性や電気絶縁性などに優れる上、安価であるため 20 世紀初め頃より「奇跡の鉱物」として重宝された。建設分野では断熱材や防火材として、建物以外にも電気製品や自動車などに広く使用された。しかし 1970 年代になると、空中に飛散した石綿繊維を吸入すると肺癌や中皮腫の誘因となることが解明された。現在では法令により石綿の製造、輸入、使用、譲渡、提供は完全に禁止されている。既存建物の石綿に対しても建築基準法により増改築時の除去等が義務づけられている。かつての評判が一転して「静かな時限爆弾」とも称されるようになった。

建物の施工方法では、潜函工法（ケーソン工法）などが知られる。基礎工事で支持層が地中深くにある場合、潜函と呼ばれる筒状の構造物の先端部に作業室をつくり、そこに高圧空気を送入することで地下水が浸入しないようにする。高圧の作業室に人が入って土を掘削しながら潜函を支持層まで沈下させる工法で、困難な基礎工事や橋脚などの港湾工事の課題を解決することができた。欧州では 19 世紀半ばから採用されたが、高圧下での作業後の減圧に伴い体内の溶解窒素が気泡化することにより潜水病を引き起こすことが問題となった。これまで国内外で多くの犠牲者や後遺症者が出ている。これに伴い高気圧作業安全衛生規則をはじめとする各種規定が定められ、現在も潜水病の研究は続けられている。

いずれも仮説形成の誤りにより不利益や人命に関わる事故にまで至った事例である。けれどもこれらの不幸な結末は、悪意や倫理にもとる行為によって引き起こされたものではない。関係者の善意に基づいた努力の結果、想定外に生じたものである。これらの仮説形成や実践は、当時の最善あるいは常識とみなされていた理論や知識に基づいている点で、正当であったと考えられる。その後誤りであることが判明するのであるが、その誤りを当時の常識や知見の範囲で予見することは困難であった。

ハイゼンベルクの葛藤

不良定義問題であるデザイン問題などの社会の諸問題を解決するには仮説形成が不可欠で、導出された仮説が誤りとなることが不可避であるなら、いかにこの板挟みに対処すべきかが問題となる。科学的発見と、結果的にそれが招いた災厄ということでは、第二次世界大戦時の原子物理学者ほどこれらの相克に苛まれ専門家の倫理や責任について深く考えた者はいないだろう。W・ハイゼンベルク（1901-1976）は、行列力学により量子力学を数学的に扱うことを可能にした物理学者として知られる。彼は波動力学のE・シュレーディンガーとともに量子力学の基礎を築いた。量子力学の一分野である原子物理学の発展により、核分裂の際に大きなエネルギーが放出されることが解明され、結果として原子物理学者たちは原子爆弾の開発に寄与することとなる。アインシュタインやノイマン、フェルミといった欧州の物理学者が亡命する中、ハイゼンベルクはドイツに残りナチスドイツの原爆開発に関わることになった。戦況の悪化により侵攻した連合軍にとらえられ、ハイゼンベルクら枢軸国の物理学者たちは英国ケンブリッジ郊外のファームホールという邸宅に抑留された。ファームホールでの生活の中である日、原子爆弾が広島に投下されたとの知らせを聞いた後の、ハイゼンベルクと同僚のカール・フリードリッヒの会話がハイゼンベルク自身の著書に記されている[2)]。

> この発展は人類が、あるいは少なくともヨーロッパの人類が、すでに数百年前に決定した――あるいはもう少し注意深く表現するならそれにたずさわるようになった――一つの生活現象なのだ。この現象が善にも悪にも導かれうることを、われわれは経験から知っている。しかし知識の増大によって起こり得る悪い結果は意のままに制御でき、良い方が打ち勝ち得るものであるということ――それは特に十九世紀の進歩の信仰であるが――をわれわれは確信してきた。原子爆弾の可能性については、ハーン［著者注＝原子核分裂を発見し原子爆弾に直接役立つ知見を与えた物理学者］の発見以前には、ハーンも含めてわれわれの誰もがそれを真剣に考えることができなかった。なぜなら、当時の物理学はその方向への道を全く見通せなかったからだ。自然科学の発展という生活現象に参加することを罪悪とみなすことはできない。

ここでは、オットー・ハーンをはじめハイゼンベルクら原子物理学者も原子爆弾の実戦での使用を予見することはできなかったと述べられている。自然科学の発展は人類が選択したものだから、その知見がいかに用いられようとも科学者は責任を免れるとも述べている。けれども2人の会話は葛藤と批判的省察を経て次のような新たなテーゼの提唱にいたる。

> それは、彼（物理学者）が正しく判断するだけでなく、さらに進んで行動し、また実現させようとするときには、公の生活との結びつきについても、国家の行政機構に対しても、影響を及ぼすよう骨折らねばならないということを意味しているにちがいない。

科学者は研究をして新たな法則や理論を発見するだけでなく、それらの応用について正しい判断を行い、さらに社会や国家に対する働きかけを行う責任まであると省察している。ハイゼンベルクが著書の序論において「近代原子物理学は、哲学的、道徳的かつ政治的な根本問題にあたらしい議論を提供しました」と述べているように、原子物理学の発展と原子爆弾の開発は科学者や専門家の倫理や責任について大きな問題提議を行った。

ハイゼンベルクとフリードリッヒの会話には、「発見と発明は区別されるべき」という発言もみられる。法則の発見は未知の自然を解明する純粋な科学的行為であるが、人工物の発明は何らかの目的や意図に基づいているため社会への影響の責任を免れないという考えである。核分裂反応に関する理論的仮説は実験により真であることが検証された。その理論を応用すると途轍もない新型爆弾がつくられることも分かった。国家や軍によって多くの科学者と莫大な予算を投入した計画が実行に移され、開発された新兵器が見切り発車で民間人の頭上に投下された。核分裂反応に関する知見が応用される過程には様々な仮説形成が介入した。連合軍によると、原子爆弾の投下は戦争の早期終結を導いた点で仮説は真であった。しかし戦争の大局はすでに決していたこと、戦後体制を有利に導くための戦略であったこと、いかにせよ非人道的であることなどの反論にも妥当性がある。歴史は勝者が記すといわれるように戦時下では代替案のない現実的な仮説であったにせよ、現在では核兵器開発から実戦使用にいたる過程の解釈については当時よりも多様で周到な議論が展開している。ハイゼンベルクは量子力学の核心的な理論を解明して物理学を発展させ、半導体の設計やそれによるコンピューターや携帯電話、電子機器などの現代の人工物の理論的基盤を提供した。彼による科学の発展や社会の進歩に対する貢献は計り知れない。また核分裂反応は原子力発電に応用され、世界の安定的なエネルギー供給のために不可欠な技術となっている。

専門家の倫理と問題解決の責任

現代の人工物やそれに用いられる知識、技術は複雑化していて、各領域の詳細を理解する専門家は限られる。量子論は第一線の物理学者の間ですら解釈の不一致が見られるほど難解である。第三者が知識、技術やその応用のされ方が適正であるか否かを判断するのは容易でない。科学者や専門家が法則の発見や人工物の開発やデザインだけを行い、その応用や社会的影響の責任を免れるとすると、いずれ問題が生じることは明らかである。

人工物のデザインに関する法的解釈として「製造物責任」という概念がある。1960 年代の米国において過失（fault）を要件としない厳格責任（strict liability）の一類型として、製造物の無過失責任が判例で確立された。欧州では 1985 年に欧州共同体で製造物責任に関する法令が採択された。日本では製造物責任法（PL法）が1995年に施行された。「過失がなくても欠陥があれば、製造業者は責めを負う」というPL法は、製作者やデザイナーが善であり当時の知見では妥当な行為であっても、欠陥や後に判明する瑕疵についても責任を負うという点でハイゼンベルクの省察に近い解釈が現在では一般的になっていることを示す。そのため医師や建築士といった専門家が仮説を誤った際に依頼人との間で争いとなる事例も増えている。米国の医師の医療損害保険料の支払額は収入の3割にのぼるといわれる。

建物のデザインではどうだろうか。単に良いデザインでなく、従来の概念を覆すようなデザインの刷新に高い評価が与えられる傾向がある。ミース・ファン・デル・ローエやル・コルビュジェらは近代建築の概念を創出した傑出した建築家として知られる。けれども、名建築として名高いコルビュジェのサボア邸（口絵1）、ミースのファンズワース邸（口絵2）、はいずれも施主から訴訟を起こされている。

現代の複雑化した問題の解決が求められる専門家のあるべき姿を提示するものとして、米国の学習理論家で哲学者のドナルド・ショーン（1930–1997）による、「反省的実践家（reflective practitioner）[3)]」という概念がある。旧来の専門家像は、自信に満ち、自分は何でも知っていて、その道のプロである自分の行為や発言は間違いないと、依頼者に思わせて全幅の信頼を得るものと考えられた。社会が複雑化し、専門領域が細分化した現代では、いかに熟達した専門家であっても未知の問題や解きがたい問題に遭遇することは当然であるので、状況に対する行為と、その行為の結果に基づいた省察、いわゆる「行為の中の省察（reflection-in-action）」が大切という考え方である。この概念は建築デザインや医療、教育などの広範な分野に影響を与えた。仮説形成が可謬的であるため、演繹と帰納を組み合わせて絶えず検証を行うことで真理に近づくことができるというパースの理論との対応もみられる。

また哲学者のカール・ポパーは科学的言説の必要条件として「反証可能性（falsifiability）」という概念を提示し、過誤から学ぶことの意義について次のように述べている[4)]。

> 本書を構成している論文や講義録は、一つのきわめて簡単なテーマを中心に展開される――すなわち、われわれは自己の過誤から学びうる、という考え方である。[…] それは、われわれの誤謬可能性を強調するけれども、懐疑論に陥ったりはしない。なぜなら、それはまた、まさにわれわれが自己の過誤から学びうるがゆえに、知識が発展し、科学が進歩するという事実をも強調するからである。[…] 知識、とりわけわれわれの科学的知識が進歩するのは、正当化されない（そして正当化できない）予見、推量、諸問題に対する暫定的な解答、つまり推測によるのである。[…] 一つの理論――すなわち、われわれの問題に対するまじめな暫定的解決案――の反証そのものが、常にわれわれを真理へ一歩近づけることになる。そして、このことがわれわれは自己の過誤から学びうるということの意味なのである。

数学者のクルト・ゲーデル（1906-1978）は、有限論の範囲では自然数論の無矛盾性の証明が成立しない（ごく単純化すると、数学は自分に矛盾がないことを証明できない）ことを示した。これは20世紀の数学、論理学で最も重要な発見といわれている。けれども一方でこの第一不完全性定理が暗示するのは、数学の知識の拡大が続くならばいかなる未解決問題もいずれは解決できるということである。ゲーデルは不完全性定理に関して次のようにも述べている[5]。「あらゆる算術の問題をその中で解決する単一の形式体系を定めることは不可能であっても、新しい公理や推論規則による数学の拡張が限りなく続いていく中で、どんな算術の問題もいずれどこかで決定されるという可能性は排除されていない」。数学というもっとも抽象的な分野の理論であるが、未解決の問題の解決には常に推論により新たな知見を導き、知識を拡張して行く他ないことに言及している点で、近代の哲学や論理学、問題解決理論との相似がみられて興味深い。

3　仮説と間違い

革新的な仮説形成

近代建築の巨匠の名作も依頼人との訴訟を抱えていた。それらは主に防水性や断熱性、プライバシーに関する問題に起因していた。施主らはひどい雨漏りや寒さ、外部からの視認性などが耐えられず、とても住むことができないと傑作を見限った。契約に基づいて実際に工事が行われたということは設計案には合意があったはずである。図面にはそれまであまり目にしたことのない斬新な建物の姿があっただろう。施主も高名な建築家に依頼した以上、彼らの仕事を信頼してある程度彼らの裁量に任せただろう。大工も見慣れない設計図に戸惑って工期が延び、日に日に工事費もかさんだ。予算の超過をおさえるために材料や細部の水準を落とす必要もあった。関係者の様々な仮説形成を経て出来上がった建物は確かに斬新で特別なものだった。けれども実際そこに居住し生活を営もうとすると勝手が違った。施主の考える少なくとも世の高級な住宅ならば備えているべき条件が満たされていなかった。依頼人の要求に応えることができなかったという点では、専門家の仮説形成は偽であったことになる。自らの希望する住宅の設計者として、彼らを選定した依頼人の仮説もまた偽であった。しかしその後、サボア邸とファンズワース邸はともに近代建築の代表作ともてはやされ、今ではだれもが知り訪れる歴史遺産となっている。残念ながら施主の住宅に対する要求や観念が建築家の提案に適合することはなかったが、その後の住宅の普遍的な概念を提示した点でそれらの提案は革新的であった。そのことは同時代の他の一般的な住宅と比べると、平面計画、外観、構造、細部などの概念が一線を画していることから分かる。いわば「未来から無理に持って来た（abduct）」ような建物である。後世の評価をふまえて省みると、建築家の仮説は当初は偽であったかもしれないが、狙い通りか否か、依頼人の個人住宅という範疇を超えて先々の建築文化に多大な影響を与え、結果的に仮説は真に収束したとも考えられる。

法則の発見や新たなデザインの提示では一般に、従来のものの単なる微修正でなく、まったく新たな仮説の形成が行われた場合に、学問や社会への影響が大きく、高い評価が与えられる。前述のニュートンによる引力の発見では地上の林檎の落下と天体の運動という異世界の現象と長らく信じられていたものを思い切って結びつけることで、従来の物理学を刷新する画期的な仮説が得られた。斬新で大胆な仮説ほど論証力が低く、誤る可能性も高まるが、一方でそのような仮説形成が絶妙に行われた場合の科学や芸術への貢献は計り知れない。ミースやコルビュジェの作品は当時の一般の人々にとっては風変わりで理解しがたく、評価は賛否両論に分かれた。肝心の当事者である施主からは訴訟という形で関係修復不能な否を突き付けられている。建築家という職能の第一義が依頼人の代理人として、依頼人の要求を実現することなら、サボア邸やファンズワース邸の設計では建築家は決定的な誤りをおかしている。けれども後世から省みると彼らの作品の先見性が知られて、むしろ施主たちの考えの方が時代遅れで、作品が目指した高みに対する配慮がなかったようにさえ感じられる。ミースやコルビュジェ、フランク・ロイド・ライトらは近代建築の伝道者として評価されているが、それは彼らがこれらの住宅以外にも数々の革新的な仮説形成をものにしたためである。超高層建築もそうである。

1921年にミース・ファン・デル・ローエは、設計競技などで「フリードリヒ街オフィスビル」案（口絵3、地上20階建）や「鉄とガラスのスカイスクレーパー」案（口絵4、地上30階建）を提案している。ほぼ同時期にル・コルビュジェは「300万人のための現代都市」案（1922年、地上60階建）を、フランク・ロイド・ライトは「マイルハイ・イリノイ」の構想（口絵5、地上528階建）をそれぞれ発表している。彼らが相次いで、同時代の高層建築をはるかに凌ぐ超高層建築を提案していることは興味深い。各図のコラージュや模型の背景にみられるように、当時の市街地の建物はせいぜい5階程度であった。従来の石や煉瓦を組む工法に代えて鉄骨を組む工法を初めて導入した地上10階、高さ55メートルの「ホーム・インシュアランス・ビル」が米国シカゴに登場したのは1880年代である。ちょうどその頃エジソンにより白熱電球が発明され、建物の照明に用いられ始めている。それに伴い電気の利用が普及し、それまで蒸気を動力源としていたエレベーターが電動化された。また、従来の鋳鉄に変わりしなやかな鋼鉄の量産技術が開発された。これらの照明、電気動力、鋼鉄といった新技術や、それらによって醸し出される新たな時代の精神が、1920年代の彼ら建築家によりいち早くとらえられて超高層建築という仮説として具体化されたのである。いずれも実現に至らなかった点で、当時それらの仮説は偽とみなされたが、後世に与えた影響を鑑みると彼らの狙いは達成され仮説は真であったといえるだろう。

異分野の知見や技術の影響を受けながら発展するこのようなデザインの過程は、自然科学の発展の過程にも類似する。前述のようにニュートンの運動の三法則と万有引力の法則の発見は近代科学の基盤をなす革新的発見であったが、その背景にはケプラーの惑星運動の法則やティコ・ブラーエの観測記録などの確固とした土台があった。それらへの深い造詣のもとに林檎の落下によるひらめきがとらえられ、新たな法則が確立された。法則が記された『プリンキピア』の出版の際に、ロバート・フックとの間で法則の先取権をめぐって対立していることも、同時代の優れた専門家がほぼ同時期に同様の仮説に至ることを示している。

自然のあり様を明らかにする自然科学における革新的な法則発見は、社会や人類にとって有意義であることは異論がない。一方デザインにおける革新的な提案や新たな概念の発見、それをもたらす斬新な仮説形成にも、自然科学の法則発見のような明確な意義があると考えられる。サボア邸やファンズワース邸は従来の住宅の概念を一新した。当時の専門外の人々には違和感や不可解さをもたらし、施主からも見放され訴訟沙汰になった。裕福な依頼人の不如意を小さな犠牲というのは公正ではない。けれども建築家側の事情を慮るなら、革新的な仮説を実現するためには予算や工期の制約のもと、設計や施工、監理の中で様々な仮説形成が必要で、それらの中には例えば防水性や断熱性の欠如のような、後に偽となる仮説もあったと思われる。われわれが今日暮らす住宅は彼らの近代建築の延長線上にある。また、彼らによるおよそ100年前の超高層建築の提案は現在のそれによく似ている。いま最も高いとされるドバイの「ブルジュ・ハリファ」（図6-1）は高さ828メートル、地上163階建で、フランク・ロイド・ライトのマイルハイ・イリノイの高さ1マイル（1600メートル）、地上528階に遠くおよばないが、両者の外観は似通っている。3人の建築家による超高層建築の提案はそのまま実現することはなかった。けれども彼らの提案した仮説は後々の社会に影響を与えた。実現性が十分検討され、需要が醸成された20世紀半ば頃から超高層建築は林立し始め、現代の都市の風景を一変させることになった。

量子力学、特にその一分野である原子物理学は、核分裂反応によるエネルギーの放出を解明した。原子爆弾は戦時下で相手方に先んじるために見切り発車で使用され、多大な犠牲や長期にわたる様々な影響を招いた。原子力発電もチェルノブイリや福島に代表される事故により被ばくや放射能汚染を招き、広大な土地が立

図6－1●ブルジュ・ハリファ（2010年）
都市インフラの不備─間違い
出典：Donaldytong at English Wikipedia, File : Burj Khalifa.jpg
ドバイの不動産開発会社が企画。竣工当初は下水が完備されておらず汚水をトラックで搬出していた。下水処理場には順番待ちのトラックが長蛇の列をつくり1日以上待たされることもあったとか。

ち入り禁止となっている。一方で核分裂反応は発電や動力として現在の社会の持続に不可欠な技術となっている。量子力学はといえば、半導体を用いる電子機器の根幹をなす理論として現在の社会や産業のあらゆる場面を下支えしている。現在の住宅は近代建築の影響線上にあるが、もはや雨漏りや暑さ、寒さ、プライバシーの欠如とは無縁である。自然科学やデザインにおける偉大な仮説形成による飛躍的な革新と、仮説形成が自ずと招く誤謬について、いずれが真か偽か断定することはだれもできない。当初真であったものも偽に、偽であったものも真に転じかねない。パースが探求の科学として言及するように、仮説形成は演繹や帰納と組み合わせることで真理に近づくことができ、これに代わる方法はないのである。

構えのある心

仮説形成に付随する誤りは仕方ないとしても、やはり誤らない、間違わないに越したことはないと考えられがちである。けれどもこの考え方は常に真といえるだろうか。先に紹介した石綿などの専門家の善なる行為によって生じた事故や災害は、当時の知見や常識ではけっして予見することができないものであった。最善の努力により誤りを回避することは専門家の義務であるが、誤りに対する過剰なまでの恐れや忌避は、社会を萎縮させ、革新の機会を失う原因となることも事実だろう。人命に関わり、怪我や病気や大きな損失や被害を招きかねない分野での仮説形成には当然ながら最大限の配慮が必要である。一方で、革新やイノベーションが強く求められる分野では、間違いを積極的に受け入れるという概念や文化の広がりが功を奏している事例もみられる。

例えば、ノーベル賞は顕著な科学的成果に与えられる賞としてよく知られる。受賞にいたる研究成果の導出過程をみると、驚くほど多くの事例で誤りや間違いが、問題解決に決定的な役割を果たしていることが分かる。

江崎玲於奈（1973年 物理学賞）は、研究員に不純物の濃度を上げる実験を指示していた。研究員が失敗したという実験データをみると、不純物を増やすと電気がより通じるというこれまでの常識に反する結果が得られていた。これがきっかけとなり探求を繰り返すことで「トンネル効果」を発見しエサキダイオードの発明につながった。後日、江崎は「「創造的失敗を避けるための慎重さ」はもちろん必要ですが、チャンスが訪れたときには「リスクを冒して成功に賭ける勇気」を持たねばならないのではないでしょうか[6]」と述べている。

白川英樹（2000年 化学賞）の場合も、ポリアセチレンの実験で１ミリモル（mmol）の触媒を入れるように指示したが、助手が誤って1000倍の１モル（mol）の量を入れてしまった。通常は粉末になるはずが黒い膜のようなものができていたことに驚き、実験を続けることで「高伝導性プラスチック」への発見へとつながった。

田中耕一（2002年 化学賞）の場合は、試料のコバルトとグリセリンを誤って混ぜてしまった。捨てるのは勿体ないと実験を続けたら、目的のタンパク質の質量解析ができた。田中は「新しいことに挑戦する場合、失敗がつきものです。そのようなときに、失敗を重ねても、次にまた挑戦し続けるためには、誉めて育てる「加点主義」を採用する必要があると思います。[7]」と述べている。

山中伸弥（2012年 生理学・医学賞）の場合は、iPS細胞をつくる可能性のある20種の関係遺伝子を解明し、それらを順に実験してみたがいずれも不成功であった。若手研究者が試しにすべての遺伝子を混ぜてしまったものを細胞に導入したところ幹細胞が生成されたという。

天野浩（2014年 物理学賞）の場合は、熱を加える窯の故障のため低温で実験したところ、青色発光ダイオードに必要な結晶の生成に成功し、「低温バッファ層技術」の確立につながった。

本庶佑（2018年 生理学・医学賞）の場合は、PD−1という免疫細胞の表面にある分子が免疫システムを抑制することを解明する一方で、がん細胞はこの抑制機能をうまく利用してがん細胞自身を攻撃しないようにしていることから、PD−1をがんの治療に使えないかと考えた。誤りというわけではないが、異なる分野の研究が想定外の成果につながっている。本庶は「発見はかなり偶然。私はがん学者ではない。がんの薬を探していたわけではない[8]」と述べている。

以上のように国内の受賞者で把握されているものだけでも、これほど多くの誤りや偶然が科学的発見につながっていることが分かる。海外も含めると枚挙にいとまがないが、いくつか紹介したい。

第1回ノーベル賞受賞者であるヴィルヘルム・レントゲン（1901年 物理学賞）は、電源を入れて陰極線を光らせると管から離れた場所にある蛍光発光板が光ることに驚いた。様々な物質で遮へいして実験を行ってもその光は透過した。これがX線の発見につながった。ちなみに、レントゲンより前に同じ実験をしていた物理学者クルックスは、そばに置かれた感光板が露光しているのに気づいたが、欠陥商品とみなして返品しただけだった。

アレクサンダー・フレミング（1945年生理学・医学賞）は、微生物実験をしていたところ培地入りシャーレに青カビによる汚染が発生してしまい使えないものを見つけた。しかし捨てずに調べてみたところ、青カビの周囲にだけ細菌が繁殖していないことに気付いた。これにより青カビが分泌するペニシリンの発見につながった。

ジョン・バーディーン（1956年、1972年物理学賞）は、半導体の信号増幅実験中に誤って電極をつなげてしまったところ大きな増幅効果が見つかった。このことがトランジスタの発明につながった。

またアルフレッド・ノーベル自身のダイナマイトの発見も、ニトログリセリンという爆発性の物質が珪藻土などの粉末にこぼれて染み込むと安定な状態になることを、偶然見つけたことによるとされている。

これらの事例のように、特に実験に基づく研究では誤りや意図せぬ操作が問題解決の重要な手掛かりとなる場合が多いことが分かる。理論を中心とした研究でも、ニュートンの林檎、ワットのやかん、ケクレの夢[9)]などの逸話のように、偶然性によって仮説が生まれる事例が知られる。これらの事例は、何らかの誤りや偶然性によって「驚くべき事実Cが観察される。しかしもしHが真であれば、Cは当然の事柄であろう。よって、Hが真であると考えるべき理由がある」というパースが提示した仮説形成の過程によく当てはまる。偶然をきっかけに良い結果を得ることは、セレンディピティ（serendipity）[10)]とも呼ばれている。19世紀の生理学者ヘルムホルツはこのようなセレンディピティが起こる三段階の過程を提唱している。

1．もはや先に進めなくなるまで続けられる執拗な探求
2．それをしばらく忘れた休息と回復の期間
3．予期せぬ解決法の偶然の到来

細菌学者ルイ・パスツールはこのことをある演説の中で、「観察の領域において、偶然は構えのある心（原語 les esprits prepares = the prepared mind）にしか恵まれない」と述べている。この言葉は、レントゲンが感光板の露光に驚き、原因を探求した結果Ｘ線を発見したのと対照的に、クルックスは単に欠陥商品、いわば許容できない誤りとみなして返品してしまったことを思い起こさせ

る。普段と異なる特別な事実を察知して心が動き、驚きや好奇心が生起することは創造の源泉ともいえる。論理的でない感情のはたらきを、論理に劣るものとして軽視することは大きな間違いのようである。結果として偽となる仮説にたどり着いたとしても、探求の結果の仮説の論証力が低く非論理であるからといって探求自体が無駄であったわけではない。探求の行為や過程そのものには、長い時間や努力、さらには人生を費やすに値する意義があるのではないだろうか。

PART III　過程を見つめる
――デザイン方法論が拡げるもの

PART IIIでは、デザイン方法論が未来に向けて何ができるのか、その潜在力と可能性を見つめていく。

昨今分野を超えて注目を集めている「デザイン思考」だが、その実践的理論や誤りへの対処法、仮説形成や誤りは人間固有の能力で、これらを活用して機械と協調することが来たる時代の方法の中心となること、そしてこのような能力は時間の不可逆性に対処する生物の戦略として獲得されたのではないかという概念を提唱し本書の結びとする。

第7章「デザイン思考」では、米国で誕生したDesign Thinkingという人間中心の新たな問題解決方法、失敗を受け入れて革新を尊重する文化などについて解説する。第8章「人とデザイン」では、今後一層進展する情報社会の中で人工知能をはじめとする機械がデザインや問題解決の多くを担うようになった際の、人が備えるべき方法や可能性について解説する。そして終章では、創造の核心をなす仮説形成は不可逆な時間の中で自己を保存し命をつなぐための戦略の一つであるとの概念を提唱する。

第7章 *Chapter 7*

デザイン思考

失敗に寛容であることの威力

常識と非常識がぶつかったときに、イノベーションが産まれる。

（井深大[1]）

間違いや誤り、失敗は辛く、痛みを伴う。それだけならまだしも、環境に長期間影響を与えたり、人を傷つけたり、時には多くの人命を奪う深刻な惨事を招くこともある。当然ながら間違いは可能な限り避けるべきである。一方で、絶えず変化し予測できない環境の下に存在するわれわれは、常に危険と隣り合わせにあり、間違いを完全に排除して生きることはできない。より良く生きるためには絶えず考え、行動し、試すことが求められる。現代の社会は一層複雑さを増し、予測不能で、容易に正解が分からなくなっている。間違いは忌避すべきものという考えは、多くの場合において正当であるが、新たな知見、デザインの創造といった困難でやりがいのある課題に立ち向かう際には、そればかりにとらわれてはならないと、数々の事例が物語っている。「失敗は成功の母」とは言い古された格言であるが、これを方法論にまで高めて飛躍的な成果を上げている事例がある。

1　デザインと革新

これまで過去の歴史的な科学的発見やデザインの革新の事例を考察した。ここでは近年の重要な科学的発見やデザインの革新について見てみたい。そのような革新は現在どこで生じているだろうか。

自然科学分野では、再びノーベル賞を例にとると、米国の受賞者が圧倒的に多い。企業の時価総額（2021年11月末現在）の上位10位を見ると、米国企業は上位10位中で8社（80％）、上位50社中でも43社（86％）を占める（図7-1）。自然科学分野、産業分野における米国の卓越の源泉はどこにあるのか。米国には学問分野でも産業分野でも世界から優秀な人材を積極的に受け入れ、出自にかかわらず個人の能力や成果を評価して報いる文化があるといわれる。一方で所得や教育における格差や人種間の対立などの深刻な問題も抱えているとされるが、現代の世界経済や科学技術を先導し続けていることは興味深い。

デザイン思考の波及

現在、デザイン思考（Design Thinking）という概念が、その米国を中心に広がりを見せている。米国は黄金の60年代と呼ばれる

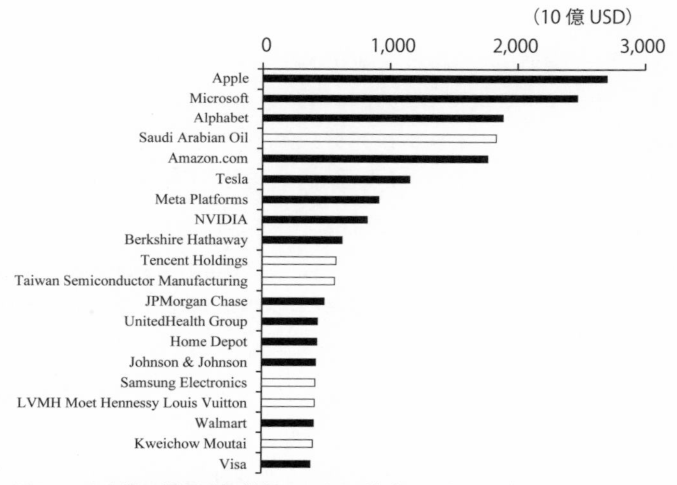

図７－１●企業の世界時価総額ランキング（2021 年 11 月）
米国企業を黒色棒グラフで示している。

好景気を背景に、汎用コンピューターやインターネットといった現在の社会を支える核心的な技術を生み出している。学問分野でも、欧州を起源とする哲学や心理学、物理学の中心は次第に、優れた人材を人種や信仰にかかわらず積極的に受け入れ、科学技術や学問に潤沢な予算を投じた米国に移って行く。建築分野では、ハーバード大学大学院デザイン研究科のピーター・ロウが『デザインの思考過程（*Design Thinking*）』を 1987 年に出版した。これによりデザイン思考（Design Thinking）という言葉やデザインの方法論が建築やデザイン分野に影響を与えることになった。けれどもデザイン思考の概念がデザイン分野の垣根を越えて、ビジネスや商品開発、マーケティングなどに革新をもたらす方法論として広く社会に認知されるようになるのは、スタンフォード大学のデビッド・ケリー（1951-）によって創立されたデザインコンサルタント会社のIDEOが登場する1991年頃からである。IDEOはスタンフォード大学のデザインプログラムが元となって設立された。同年にイリノイ工科大学デザイン研究所には、米国初のデザイン分野の博士課程プログラムが設置されている。2005年にはケリーが設立したスタンフォード大学のHasso Plattner Institute of Design at Stanford（通称d.school）で、デザイン思考を学ぶ学科横断型プログラムが発足している。

IDEOはマイクロソフト、P&G、イーライリリー、ペプシなどを顧客に持ち、コンピューター、医薬、家具、玩具、事務、自動車などの分野で数千のデザインプロジェクトを実践している。スタンフォード大学からは、NIKE、Sun Microsystems、Yahoo、Cisco Systems、eBay、E*Trade、Google、LinkedIn、YouTube、Snapchat、Instagramなどの数々の創業者が生まれている。d.schoolは独立した学部でなく、スタンフォード大学のコンピュータサイエンス、物理学、生物学、機械工学、MBAなど各分野を専攻する学生が副次的に所属する形をとり、企業や公共機関などから寄せられる現実の課題に取り組む。実践的な教育の中で醸成されるデザイン思考に基づく問題解決やビジネスモデル創出の方法論は、数多くの起業家に影響を与えている。

そもそも、「デザイン思考」とは何だろうか。それは、現実の問題の解決を目指した、デザイナーによる問題解決の方法論である。本書でこれまでみてきた心理学や論理学分野の問題解決理論とは異なり、必ずしも論理的整合性や学問体系に基づくものではない。その代わり心理学や論理学分野の問題解決理論のように、単純化された例題（toy problem）を鮮やかに解いてみせるものでもない。d.schoolが公開している「デザイン思考家が知っておくべき39のメソッド（the d.school bootcamp bootleg）」[2]の冒頭には次のような「デザイン思考における7つの心構え（D.MINDSETS）」が示されている。

- ・言うのではなく見せる（SHOW DON'T TELL）
- ・人々の価値観に焦点を当てる（FOCUS ON HUMAN VALUES）
- ・明快な仕事（CRAFT CLARITY）
- ・素早く形にする（EMBRACE EXPERIMENTATION）
- ・過程に注意（BE MINDFUL OF PROCESS）
- ・行動第一（BIAS TOWARD ACTION）
- ・徹底的な協働（RADICAL COLLABORATION）

デザイン思考はIDEOやスタンフォード大学の数多の実践の中で獲得された経験則（ヒューリスティクス）の集大成ともいえる。それらはアルゴリズムのように定型的で固定的な汎用手法でなく、問題の特性に応じてためらうことなく臨機応変に形を変える。2001年に創業者のデビッド・ケリーからIDEOを引き継いだティム・ブラウン（1962-）はデザイン思考について次のように述べている。「今日、私たちが直面する課題の中でもっとも重要かつ手強いのが、教育、医療、メディア、労働、ビジネスなど、時代遅れになった社会システムをデザインし直すというものだ。そのために、私たちは美術、工学、デザインの学校では教わらないまったく新しいスキルをいやおうなく学んできた。便宜上、私たちはそれらのスキルを「デザイン思考」と呼んでいるわけだが、デザイン思考はけっして一定のステップや保証された結果がある固定的な方法論ではないという点を忘れてはならない。むしろ、二一世紀の世界が抱える問題に対処するための一種の哲学、考え方、人間中心の新しいアプローチと考えてほしい。」[3)]

IDEO の人間中心アプローチ

このように、実践の現場で「いやおうなく」学んだスキルを「デザイン思考」と便宜的に呼んでいるが、けっして確立された方法論でなく、いわば人間中心のアプローチであると説明している。業務でデザインを提供する IDEO は、競合相手に劣らぬため、利害関係者の要求を満たすため、利益を確保するため、企業の独自性を形成するために、整然とした理論体系よりむしろ必ずしも論理的でなくても実効的な、役に立つ経験則を洗練させた。その経験則はデザイン思考として緩やかに一般化され、大学の教育課程や研究に還元されている。米国伝統のプラグマティズム（実用主義）の潮流が 21 世紀のデザイン思考として再び勢いづいているようにもみえる。哲学の概念として萌芽したプラグマティズムが行動主義、認知心理学そして人工知能にも大きな影響を与えたように、その流れを汲むデザイン思考は情報技術の巨大企業の誕生を支え現代の社会を変革している。

デザイン思考は人間中心の方法論といわれる。業務としてのデザインではサービスの受け手である使用者や発注者の費用に見合う効果や満足を与える必要がある。けれども人間は必ずしも論理的な主体でなく、常に合理的な判断を行うとも限らない。サイモンが限定合理性（本書第 3 章 5 節）と称したように、人や生体は限られた情報や認知、判断能力に基づいた行動を採ることが知られる。人間中心の方法論はその意味で、合理性に欠け不良定義な、「人」という対象に沿った方法論でなくてはならない。デザイン思考を構成する経験則や事例中心の方法論（case study approach）は厳密な学問体系にはなじみにくい。けれどもそれまでデザイン分野の研究成果にあまり関心のなかった産業や社会の人々が、デザイン思考という問題解決の方法論とその有効性を知り注目するようになった点で、その大きな成果を見過ごすことはできない。世界の企業、社会組織、学術機関がデザイン思考の方法論を次々に取り入れ、Apple、Alphabet、IBM、SAP といった巨大企業がデザインを業務の中心に据えるまでになっている。ティム・ブラウンが述べるように、「現代のビジネスリーダーたちはますます“デザインはデザイナーに任せておくには重要すぎる”と考えるようになっている」のである。

2　Fail Harder（もっとひどく失敗しよう）

デザイン思考の威力

デザイン思考による問題解決の過程は定型的でないが、概ね次のような過程がみられる。

- 共感をもって人を観察し人の話を聞く
- 問題を定義する
- 案を創出する
- 試作品（prototype）をつくり人の反応を見る

・実世界で試験し改良を重ねる

この過程は初期デザイン方法論の「分析－総合－評価」の型との対応がみられるが、異なるのは常に人が問題解決の中心に据えられている点だろう。論理に基づいて何らかの指標を最適化したり、デザイナーが自らの価値観で作品を洗練させたりすることは重要であっても、問題解決の中心に位置付けられることはない。人や、人々によって形成される社会の問題は多くの場合、不良定義問題であり、解は予見不可能である。このようにデザイン思考では失敗ということが、否定的な意味を伴わずに方法論の中にとりこまれている。トム・ケリーとデビッド・ケリーはカリフォルニア大学デービス校のシモントンの研究[4]を引用して、「クリエイティブな人々は単純に他の人よりも多くの実験をしている。最終的に"天才的なひらめき"が訪れるのは、ほかの人よりも成功率が高いからではない。単に、挑戦する回数が多いだけなのだ。[…] これはイノベーションの意外で面白い数学的法則だ。もっと成功したいなら、もっと失敗する心の準備が必要なのだ[5]」と述べている。

初期デザイン方法論者の問題解決の型にはいずれも、フィードバック回路がみられた。これは所定の要求水準が満たされなければ元に返ってやり直す、というものだった。失敗や間違いといった事象は工学的デザインや問題解決の過程ではなるべく避けるべきものとみなされるためか、あまりそれらに直接言及されることはなく、フィードバックというサイバネティクスの用語が当てられていた。一方、ショーンによる現代の専門家像の反省的実践家

(reflective practitioner) は反省的と称されているように（本書第6章2節)、良かれ悪しかれ行為の結果を振り返り教訓とするという概念であった。このような概念はデザイン思考ではさらに強調されて、失敗に対する恐怖を克服することを重視した。そのために問題解決の過程では「楽観主義の文化(a culture of optimism)」や、「知識と行動の隔たり[6]を埋める」ことが目指される。

楽観主義の根底には、きっと今よりも良くなるという信念がある。失敗を許容せず忌避する悲観主義に陥ると、あえて危険を冒す人は追い出され、優秀な人ほど成果があやふやな未知のプロジェクトへの参加を避け、顧客や社会でなく上司が何を望んでいるかを勘ぐるようになる。これでは初めから敗北が決まっているようなものだという。「知識と行動の断絶（The Knowing-Doing Gap)」とはフェファーとサットンの造語で、「やるべきだと分かっている状態」と「実際にやる状態」の乖離を指す。その事例として写真用フィルム・メーカーのイーストマン・コダック社を挙げている。コダック社のフィルムからデジタルへの転換の失敗は今ではよく知られるが、経営陣は当初から写真の未来はデジタルにあると理解していた。実際、1975年にデジタル・カメラを発明し、世界初のメガピクセル・センサーも開発していた。けれども20世紀に大成功した化学薬品主体の事業にこだわるあまり、21世紀のデジタル世界への投資を怠った。経営破綻を迎えたのは知識不足でなく、知識と行動のギャップにあったといわれる。d.schoolの教育プログラムで講師を務めるペリー・クレバーン（スタンフォード大学）は、ビジネスの専門家に対して「準備するのでなく、開始しなさい」と言うそうだ。

トム・ケリーとデビッド・ケリーは、失敗しても許される環境を形成し、間違い探しやあら探しでなく、良き正直な批判（good honest criticism）に対しては自らの失敗を認めることの重要性についても言及している。デザイン過程において人が感じる恐れや怠慢などの感情は、論理的な研究が困難であるため工学や認知心理学分野のデザイン方法論ではあまり扱われることがなかった。けれども現実の問題解決の過程ではだれもが避けることのできないもっとも恐るべき事象でもある。デザイナーはもとより、デザインチーム、依頼者、使い手をデザイン過程に巻き込み、関係主体の感情を促して旺盛に協働し、実現に向けて力を結集するには、デザイン過程に生じる喜びや好奇心、勇気や欲望といった感情のはたらきが決定的となる。IDEOやスタンフォード大学のd.schoolの躍進をみると、人の感情をデザイン過程の核心に位置付け、デザインのあらゆる関係主体を積極的に関与させて問題解決に向けた意欲を引き出すデザイン思考の威力を思い知らされる。

「体験」のデザイン事例

デザイン思考による鮮やかな問題解決の事例を一つ紹介したい。ゼネラル・エレクトリック・ヘルスケア（GEヘルスケア）は、GEの中でも売上高180億ドルを誇る医療機器の一大部門で、MRI（磁気共鳴画像診断）装置はその主力商品である。体を傷つけることなく内部を覗き込むことができるMRIは画期的だった。GEのMRIスキャナーは「デザイン界のアカデミー賞」と呼ばれるインターナショナル・デザイン・エクセレンス賞に出品された。しかしMRIデザイン部門のダグ・ディーツが病院を訪れ実際に

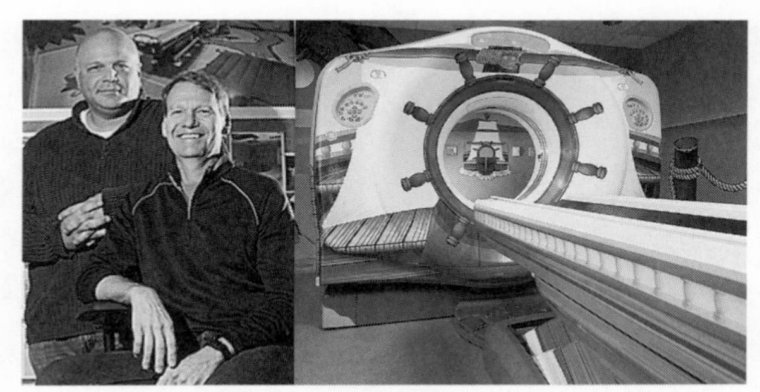

図7－2 ● GE ヘルスケアの Erik Kemper と Doug Dietz（左）と「MR アドベンチャー・ディスカバリー・シリーズ」（右）

出典：GE Healthcare
https://www.sunnyskyz.com/good-news/2467/GE-Converts-Frightening-MRI-And-CT-Scanners-Into-Interactive-Adventures-At-Children-s-Hospitals

子どもがスキャンを受ける様子に立ち会うと、子どもは巨大で真ん中に狭い穴の空いた騒音のする装置に入るのをとても怖がることが分かった。子どもの患者の8割は麻酔専門医による麻酔鎮静が必要になるという。最先端の技術を備えた洗練されたデザインの装置のはずが、子どもの患者にとってはそうではなかった。

MRI デザイン部門のダグ・ディーツは上司のすすめで d.school のエグゼクティブ教育クラスを体験し、人間中心のデザイン方法を知る。MRI スキャナーを一から設計し直すことは現実的でなかった。そこで彼は MRI の「体験」を設計し直すことに目を向けた。子どもを観察し共感することから始め、「アドベンチャー・ディスカバリー・シリーズ」（図 7-2）と名づけた MRI スキャナーのプロトタイプをつくった[7)]。医療機器の専門家にとっては非常識で失笑を招くかもしれないが、MRI装置にはカラフルなイラストを施した。子どもは騒音のする宇宙船に乗り、スキャンの「船旅」が終わると、おもちゃなどちょっとした財宝を手にする。これにより鎮静が必要な小児患者の数は劇的に減り、麻酔専門医は少なくて済み、一日にスキャンできる患者の数も増え、患者の満足度は9割も増加した。ダグはこの成功によりGEで新しい考え方を広めるリーダーの役割も手にした。

MRIスキャナーは専門家が最先端の技術を惜しみなく投入し、洗練されたデザインを有し、数百万ドルもするほど高価な、技術の粋を集め改善の余地の見当たらない装置であったが、人間中心のデザイン思考にかかると、大した予算も時間もかけることなく問題の実質的な解決策が得られたのだった。もし従来のMRIの専門家達がこの子どもが怖がる問題の解決に取り組んだとしたらどのような解決策が提示されただろうか。スキャン中の騒音を少しでも減らす技術、閉所恐怖を軽減するため内部空間を広げながらも遠隔から精細な画像が得られる技術、高速でスキャンできる技術といったものが莫大な予算を計上して目指され、その結果、やはりそれでも子どもは怖がってしまうが、高度な医療を受けるのだからそれくらいの代償は致し方ない、ということになっていたかもしれない。

無数の画鋲が語るもの

Fail Harderという標語は、IDEOと同様にNIKEなどを顧客に抱える米国の世界規模の独立系広告代理店であるW + K（Wieden + Kennedy 1982年創立）が提唱したもので、米国の起業家文化に影

図7-3● Fail Harder の掲示板（W＋K本社）

出典：Wieden + Kennedy London ウェブサイト "fail harder", July 5, 2006, https://wklondon.com/2006/07/fail_harder/

響を与えた概念として知られる。これはデビッド・ケリーの「失敗する心の準備」をさらに押し進めて、「もっとひどく失敗しよう」とまで提唱するものである。この標語は Facebook（Meta）本社など、情報技術産業の開発現場などで好んで掲げられたようである。

この掲示板の Fail Harder の文字は無数の画鋲で縁取られている（図 7-3）。途方もない労力を要する点で「ひどいデザイン」であるが、楽観的で情熱的な企業文化を象徴している。

無数の画鋲で大書された Fail Harder を文字通り解釈するとオフィスを訪れた顧客企業は戸惑うかもしれないが、もちろんこれはデザイナーを鼓舞し、失敗への恐怖にひるまず前進し、創造しようとの精神を象徴的に表現した標語（slogan）である。様々な顧客を相手にする業務の現場には、時には無理難題や理不尽な要求も寄せられるに違いない。そのような解決の見込みすらない「ひどい問題（wicked problem）」にいやおうなく対峙するには、冷静で論理的な方法論だけでなく、「ひどく失敗しよう」というくらいの感情優位の楽観的な方法論が有効となる。論理的に考えると「ひどい問題」は有限時間内に解ける見込みはない。あるいは何とか解を得たとしてもせいぜい局所解にすぎないという、悲観的で身も蓋もない判断がなされるかもしれない。そういった状況でもなお、より良い問題解決を目指そうというときに不可欠となる心の持ちようについては、当然ながらそれまであまり学問分野で扱われることはなかった。問題解決における心の役割を重視する、Fail Harder に象徴される人間中心のデザイン思考は、現実のデザイン問題に対処するための画期的な方法論の一つになり得る。

スタンフォード大学や情報技術産業が集積している米国西海岸では「Fail fast, fail cheap.（早いうちに、安いうちに失敗しておこう）」も人気の格言であるという。ティム・ブラウンの著書[8)]の「早めに何度も失敗する」という節に「早い段階で失敗し、それを学習の材料にする限り、失敗は決して悪いことではないということを認めるべきだ」とあるように、デザイン思考ではデザイン過程の中に失敗を、避けるべきものでなく、不可欠なものとして位置付けている。早めにというのは、デザインが実世界に影響を与える前にということになる。仮説や試作品の段階では様々に試み間違えることも有効であるが、生み出されるデザインが社会に与える影響や責任については次のように言及されている。「デザイン思考家には、自分がどんな結果を実現するためにデザインしようとしているのかをきちんと理解し、自分の下そうとしている選択に細心の注意を払う責任がある」。失敗を恐れるあまり試すこと、仮説を立てることを躊躇し、結果的に決定的な「手遅れの」失敗に陥ることはもっとも深刻で邪悪ですらある。そのような恐怖や躊躇の克服に役立つのがデザイン思考の楽観主義の文化や試作を尊重する方法論である。これまで学問分野のデザイン方法論があまり正当に扱うことのなかったデザイナーの感情や使い手の心のはたらきを、デザイン思考はデザイン過程の核心に位置付けている。

デザイン思考が産業界や革新の現場に大きな影響を与えている要因の一つはこの辺りにあると考えられる。章の冒頭で米国の科学技術や産業の革新について紹介したが、実際には起業された新興企業の約95％が５年以内に廃業して退場していくといわれる。これはつまりほとんどが失敗ということになる。けれども一方で５％の企業が絶えず誕生して根付いていると見ることもできる。革新には失敗が不可欠なら、失敗した場合の、よく試みて失敗した人たちへの備えもまた不可欠である。プラグマティズムの創始者であるパースによると仮説形成は誤り得るものである一方で、人間には正しく仮説を形成する能力が備わっている。科学的な発見に比較的少ない試行回数で到達してきた歴史的事実がその証左であるという。また哲学者カール・ポパー[9]は科学的言説について次のように述べている。「われわれが失敗から学ぶとき、たとえ知ることが――つまり、確実に知ることが――できないとしても、われわれの知識は成長している。われわれの知識は成長しうるがゆえに、ここでは理性が絶望する理由などありえない。そして、われわれが確実に知ることなどありえないがゆえに、ここでは権威を主張したり、自己の知識に慢心したり、ひとりよがりになったりする権利が誰にもないわけである。」試みた結果、失敗し、退場することになっても、悲観したり絶望したりせず失敗から学び、正しく仮説を形成する能力を信じて再び試みる。そのような方法論が効果を上げている。

革新をもたらすデザイン速度

近年デザイン思考が人気を博する理由は、革新（innovation）のための有効な方法論であるためといわれる。現代の産業、学術、医療、教育など多くの分野では、いかに革新を起こすかが主要な課題になっている。なぜ革新がそれほど追求されるようになったのだろうか。一般的な説明としては、情報化やグローバル化の進展が挙げられる。人、もの、情報が障壁なく迅速に世界を移動できるようになり、新たな知識や技術も急速に行き渡るようになった。従来の知識、技術の修正程度の製品やサービスでは、より速く、安く、大量に供給する競合相手との消耗戦になり、急速に価値を失ってしまう。煩雑なネズミの競争（rat race）を脱して安定的に優位を占めるにはまったく新たな、従来とは一線を画す知識や技術の開発が重要となる。デザイン思考はそのような従来の方法論が通用しない分野で、方法論の提唱にとどまらず実世界の実践において効果を発揮してきた。細分化された専門分野に熟達した技術者による要素技術や商品の改善が飽和し硬直化していた領域で、人々の感情や体験に基づく新たな、いわば素人的な視点から、創造的に問題解決を行うデザイナーによって、革新が起こされた。同様の概念は世界的なロボット工学者の金出武雄[10)]もまた「素人発想、玄人実行の法則」との表現で提唱している。

経営学分野の金融工学には「リアル・オプション」という比較的新しい概念もみられる。これは投資判断を行う手法として、従来のDCF法（Discount Cash Flow）[11)]が将来の不確実性を減価して評価するのに対し、リアル・オプションは将来の不確実性を事業の柔軟性ととらえて、増価して評価するものである。前者が事業に関する仮説の蓋然性を否定的、悲観的にとらえるのに対し、後者は肯定的、楽観的に受け入れる点がまったく異なる。未知の新たな事業を行う場合は、不確実性が極めて高くなり予測不能となる。従来の手法によると単に投資不適格となり進めることができなくなる事業に対して、このリアル・オプションが用いられる場合が増えているという。不確実性が高く従来の型が適用できない事業の場合は、まずは小規模でも早めに開始し、うまく行かなければ事業計画を修正してふたたび試す戦略がとられる。不確実性が高い事業分野では、結局はそのような方法が最も事業の価値を増大させる場合が多いという。一般に大きな革新ほど予見不能な不確実性が伴うためである。これは前述の「Fail fast, fail cheap.」の戦略である。デザイン思考にも、早い段階で試作しフィードバックを得る方法がみられるように、デザイン過程を進める速度が決定的となる場合がある。このデザインの速度も、従来のデザイン方法論があまりうまく扱うことができなかった事象である。ものやサービスを他に先んじて開発し、広く世に送り出すためには、石橋を叩いて渡るような慎重さや忍耐強さ、危険回避指向だけでなく、いち早く仮説を具体化して迅速に試し、使い手や社会に問うことが求められる。

以上のように現在、デザイン思考という方法論が分野を超えた広がりを見せている。そこでは失敗を恐れず試みること、人の感情を問題解決の核心に位置付けることが尊重される。安定的な社会や世の中では、あえて失敗の危険を負ってまで革新を目指す戦略は割に合わなかったのかもしれない。しかし今われわれを取り巻く世界は従来と異なる新たな局面に入っている。もしわれわれの中に間違いや過ちを許容せず、前例主義や官僚主義、形式的な論理一辺倒の不寛容な考え方で、よく試みた人の失敗を責め、同調を強いるような方法論がみられるなら、それらは倫理的に好ましくないだけでなく、現代の複雑な諸問題に対峙する方法論として明らかな誤りである。なるべく早く、代償が高く付かないうちに間違いを改めたいところである。

3 デザイン思考と仮説形成

デザイナーは物語の達人

ここまで見てきたように、デザイン思考は学問を出自とした方法論ではないが、問題解決分野の心理学や論理学の理論と整合する部分も少なくない。

ひらめきに至るまでの神秘は依然として深淵の奥底にあり触れることができない。パースは仮説形成の原理は論理外の範疇にあり、それは論理学よりも高位に位置付けられる美学（aesthetics）によるものと主張している。第5章のオイラー図でみたように、本来まったく無関係の事象であってもそれらを強引に結びつけて説明しようとするのが仮説形成の推論形式である。普通なら単なる誤りや幻想でしかないはずが、無作為な試行錯誤とは比べようもないほど、真なる仮説に到達する場合が多いために、パースは人は正しく仮説を形成する能力を生得的に有すると考察した。パースは仮説形成が生じる仕組みについては明言していないが、想起される複数の仮説の候補の中からもっとも妥当な仮説を選び出す段階について、次のような基準が考えられると述べている。

①もっともらしさ（plausibility）
②検証可能性（verifiability）
③単純性（simplicity）
④経済性（economy）

これらのうち、①「もっともらしさ」や③「単純性」は客観的基準というよりも主観的基準である。つまり人が仮説を選択する際は、人が仮説をどう感じるか、その拠り所は理知を扱う論理学よりもむしろ感情や感性を扱う美学にある。ティム・ブラウンはデザイナーの物語を導く能力、いわば仮説形成の能力について次のようにも述べている。「いずれにせよ、デザイナーは物語の達人と考えることができる。説得力や一貫性があり、信頼できる物語を築き上げる能力が問われる[12)]」。検証可能性や経済性とともに、人の感情を重視し楽観的な可謬主義で試作品をつくり実験する。パースの理論とデザイン思考の問題解決過程との対応が見てとれて興味深い。

仮説形成は中らずと雖も遠からず

心の動きを糸口として、心が動いた事象に対して、それをうまく説明する仮説の候補が導き出され、自らの主観的な基準でもっとも妥当と思われるものを選択する。この過程の始めの段階で人の心、つぎの仮説の選択の段階でも人の主観が介在する。仮説形成の過程の核心には人の感情や美意識がはたらく。そのために人々が同じ問題に直面しても、導出される仮説、解は多様で十人十色となる。けれども異なる人が、まったく同一な解を導くことはないとはいえ、てんでばらばらの解が無作為に導かれるわけでもない。ある科学的発見がほぼ同時期に異なる国、異なる人によって行われ先取権が争われる事例は数多い。10人の建築士に同じ条件で住宅の設計を依頼すると10通りの案が得られるが、それらには何らかの共通性も見られるはずである。そしてひとたび10の案が得られれば、それらの中から最も妥当なものを選ぶことは容易な場合が多い。その中りの案を前にすると他の9人もなるほどやはりこれだと思うのである。科学的発見もデザインの創出も、ひとたびそれがなされるとなぜわれわれがもっと早く見つけられなかったのか、もう少しで手が届きそうであったのにと思うように、正しい仮説は常にわれわれのすぐそばで糸口をつかまれるのを待っている。仮説形成は論証力が低く形式論理的には誤った推論形式であるが、知識を拡張するという実効性を有し、得られる仮説もあながち間違っているわけでなく、正しい仮説にたどり着く確率が有意に高いという性質を持つ。人をデザイン過程の中心に据え、楽観主義で試作し、実世界で実験し改善を繰り返すことで、迅速に成果を世に問う方法論。数多くの実践の中でそのような仮説形成の性質をもとにいかにデザインを実現するか、もっとも実効性が向上するかを探求した結果うまれたのが、昨今のデザイン思考である。

第8章 | *Chapter 8*

人とデザイン

知情意の方法論へ

歴史は繰り返す。(ローマの歴史家クルチュウス・ルーフス[1])

そもそも20世紀半ばに始まるデザイン方法論研究は、感情や意識に任せて行われていたそれまでのデザイン方法の変革を目指していた。けれども最新のデザイン思考を生み出す鍵といえる仮説形成の源をたどると、理知だけでなく感情や意識が重要な役割を果たしていた。現在、そして今後の現実的なデザイン問題への対処を考える時、このような板挟みの構図からどのような有用な示唆を導き出せるだろうか。本章ではこの「問題」を考えてみたい。

1 仮説形成と生物

本書でここまで見てきたように、仮説形成のもっとも興味深い特徴は、大きな知識拡張性と大きな可謬性が表裏一体をなしている点にある。そこから得られる仮説には、多様性と共通性が併存する。パースは人には正しく仮説を形成する能力があると述べ、その能力は進化の過程で獲得したものだという。これによると仮説形成の核心を考察するには、つき詰めれば人あるいは生物自体の考察が求められると考えられる。

生物の進化の過程は主に生物進化学の分野で研究され、生物進化学は現代生物学の基盤となっている。第4章でみたように、生物進化学の概念は学際領域の計算機科学やソフトコンピューティング、人工知能などにも適用されており、問題解決と生物進化はかねてより相対する概念でとらえられている。20世紀半ばに成立し生物進化学分野で主流をなす新ダーウィン主義については、自然選択だけでなく、突然変異や遺伝子浮動がより重要な役割を担うといった諸説の議論もあることが知られる。偶然環境に適した個体同士が子孫を残すだけでなく、自ら生じた遺伝子の変異が進化にとって決定的であるともいわれている。また、突然変異はまったく無作為に生じるわけではないことも解明されている[2)]。例えばカレイやヒラメのような身体の片側に両眼を持つ形態はどのように獲得されたかを考えると、漸進的な進化の過程、つまり中途半端に片側に眼が寄りつつある状態は、その生物の生存に役立たずむしろ不利であり、自然選択や無作為の突然変異では説明できないという意見もある。このような進化を、体の片側に目を寄せる、という個体の「仮説」であると、「利己的な遺伝子」で有名な進化生物学者のリチャード・ドーキンスに倣って実験的に仮定してみたい。これは、生物進化学の主流をなす理論からは逸脱した[3)]仮説であるが、ある進化を個体による環境に対する仮説とみるならば、驚くべき現象に対する妥当な説明の導出という仮説形成の過程に符合する。このように生物進化の仕組みを心理学や経済学などの学際領域に拡大してとらえる思想は、ドーキンスらによりユニバーサル・ダーウィニズムと称されている。

生物を取り巻く「ひどい」世界

一般に生物とは自己増殖、エネルギー変換、自己と外界の間の境界形成を行うものと定義されている。その目的は、空間や時間を超えて自己（DNA）を保存することであるとの解釈がよく知られる。われわれを取り巻く環境は多様である。海を起源とする原始的な生物は陸、空、湿潤地から乾燥地、熱帯から寒帯まで進化を繰り返しながら過酷な環境に適応しあまねく生息範囲を広げてきた。地球上のほとんどすべての空間には何らかの生物が存在している。けれども時間に関しては、艪のない舟のように流れに逆らって進むことができず、空間に対するようには自由な往来ができない（図 8-1）。空間はどこへでも往来が可能であるのに時間は過去から未来へと一方向にしか流れないことは昔から当然の事実であるが、物理学のいまだ解明されていない大きな謎でもあるという[4)]。時間をさかのぼりいくらでもやり直しができるなら、間違いといったものは一切存在しないだろう。

「一寸先は闇」というように、われわれを取り巻く環境の変化は複雑で予見できない。そこで時間を超えて後々まで自己や種の生命をつなごうとすると、独特の戦略が必要となる。われわれを取り巻く環境は絶えず変化する。現在問題となっている気候変動がそうであるように、生物にとって環境の変化はいつの世も深刻

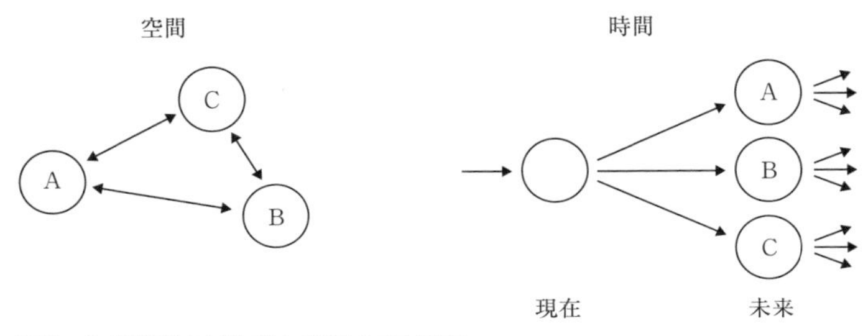

図 8－1 ●空間の対称性と時間の非対称性
空間は対称的な移動が可能なのに対し、時間は非対称的（一方向）にしか進行しない。

な「ひどい問題」である。気温の変化だけでなく、火山の噴火や隕石の衝突など、予見不可能な突発的で劇的な環境変化もある。「一寸先の未来」を予測することが不可能で、時間の流れにはけっしてあらがうことができないとすると、自己の種を保存するには集団の多様性を増すことが唯一の妥当な方法論となる。ある単一の個体は、現在の環境にもっとも適していて天敵もないとしても、その個体にとっての致命的な環境の変化が起これば容易に絶滅してしまう。多様な個体群をあらかじめ用意しておけば、先々の環境がどのように変化しようとも、それによりほとんどすべての個体が絶滅してしまうとしても、その環境に何とか耐えられる一部の種が命脈をつなぎ、全滅を避けることで進化の過程を再開できる可能性がある。

「生物は進化の果てにどこへ向かっているのか？」「自己の保存に何の意味があるのか？」これらは知るよしもないが、過去のある時点で生命の端緒が開かれ、空間や時間を超えて存在しようとする試みが始まった以上、新たな個体が環境に対して真となるか偽となるかに関わらず、生命は多様な個体、つまり拡張的な仮説を生み出し続けるほかに方法がない。たとえ間違いとなることが分かっていても、それを恐れて何もしないか、前例に倣うのみで試みないことは、ある環境に適応しすぎた種が進化せず予期せぬ異変で絶滅してしまうように、もっとも深刻な間違いにつながるのである。

こうして生まれる生態系の驚くべき多様性は、この世界が自由な仮説や誤りを許容する豊かさ、寛容さを備えていることを意味しているのではないだろうか。そこでは各個体の成功―不成功、正解―不正解は些事であって、そのような環境に対する試みの過程自体に生命の本質があるように思われる。ユニバーサル・ダーウィニズムに即して、環境における生物の進化と、問題解決における仮説形成とを実験的に相対してとらえる仮説に基づくなら、時間の不可逆性に対する戦略が生物の多様性、そして仮説形成の拡張性や可謬性であるとも考えられないだろうか。

人と機械

人々は日々生活や仕事で様々な問題解決を行うが、その多くで計算機などの機械による情報処理が決定的な役割を果たしている。デザイン分野でも情報技術は不可分となっている。architecture という単語の原義は the art and study of designing buildings（建築デザインの技能や研究）でしかなかったが、現在では the design and structure of a computer system（コンピューターシステムのデザインと構造）という意味合いが強まっている。初期のデザイン方法論の研究者たちがデザインのシステム化、グラス・

ボックス化を指向して以来一貫して、主観や感情、意識といった個人的で不確実な事象の影響を排除する方法が研究されてきた。

人は必ずしも合理的でなく、感情や意識に左右される。対して、機械は常にアルゴリズム通りに動作し、疲労も怠慢もない。人の能力を模倣する機械が登場すれば、人が行っていた問題解決の多くを機械が担うことができる、そしていずれ多くの人は不要になるとの予測が、新たな技術革新の折々に提議されてきた。例えば20世紀初頭、経済学者ケインズは技術革新が物質的な繁栄をもたらす一方で、省力化がすすめば失業がはびこることを警告した。1980年代に経済学者のワシリー・レオンチェフもまた、生産において不可欠な要素であった人間の役割はかつての馬の役割と同様に減るだろうと唱えた。深層学習により人工知能に革新がもたらされた2000年代以降は、人工知能の発展による人間の労働の代替[5]があらゆる分野で危惧されるようになった。エリック・ブリニョルフソンとアンドリュー・マカフィー[6]は、長期的には技術進歩によって人間の労働者は全体的に不要になる可能性があると記している。オクスフォード大学のオズボーンとフライによる2014年の論文[7]では、今後10年から20年で米国の雇用者の約47%、欧州の雇用者の約54%の職業が機械に代替される可能性が高いと示された。日本でも平成28年度情報通信白書で、この予測に基づく場合約49%と、欧米より高い割合の職業が代替される可能性が高いことが示された。例えばATMやいわゆるフィンテック（金融と情報技術の複合）により銀行などの窓口業務の、また人工知能による自動運転の発達により乗り物の運転手の役割が、いずれも終わりを迎えつつある。約半数の職業が不要になるという大胆な予測は社会に衝撃を与えた。さらに極端な説では、未来社会では無用者階級が生まれ[8)]、ベーシックインカムのような社会保障制度が不可欠となるとの意見[9)]までみられる。

けれどもこれらの予測は機械化の労働代替を過大評価しており、必要以上に不安をあおっているとの批判もある。米国マサチューセッツ工科大学のデビッド・オーターは、哲学者マイケル・ポランニー[10)]（1886-1964）の「人間は言葉にできるより多くのことを知ることができる」という言説を「ポランニーのパラドックス」と称し、人の機械に対する優位性として暗黙知に言及した[11)]。手順が明示的な定型的職務は機械による代替の影響を受けやすく、欧米や日本ではその割合が既に低下しつつある。一方で手順や法則が非明示的で、暗黙知の役割が大きい専門家などの非定型知識労働や非定型肉体労働の割合は増加し、二極化がみられる。減少した定型的業務についても、それを補完する新たな職務への需要が生まれ、むしろそうした職務の生産性や所得を高めているとオーターは述べている。彼によれば、例えば米国でATMが普及する過程で減少すると予測されていた銀行の窓口係の数は1980～2010年の30年間でかえって増加していた[12)]。現金を扱うような定型業務は減少したが、機械化により窓口係の業務は顧客に対する直接的なサービスに移行し、クレジットカードやローン、投資などの付加価値を提供する新たな業務が生まれていた。米国の経済学者ハリー・ホルツァー[13)]は中スキル職務[14)]全体の割合が低下する一方、新たに生まれた中スキル職務の割合が増加していることを示している。

現在は機械化の中心は情報技術であり、情報技術の専門家や情報技術を扱う職務への需要が高まっている。経済産業省「IT人材の最新動向と将来推計に関する調査結果」では、2030年には日本で最大79万人の技術者が不足するという試算が示された。不足数をもっとも低く見積もった低位シナリオでも41万人が不足するという。日本の教育分野では高校でプログラミングを履修内容とする「情報」という新たな科目が2022年から必修化された。プログラムやデータサイエンスの素養の習得は、来たる社会への備えの一つなのだろう。

2　人と機械の協調

人工知能やロボティクスにより人の労働や問題解決の代替が進む時代に入り、われわれはこれに対していかなる問題解決の方法論を備えればよいだろうか。機械は人のような疲労や怠慢とは無縁で、定められた手順を間違いなく高速に継続的に繰り返すことができる。「機械対人間」という構図はいかにも人の恐怖心をあおる。機械化への恐怖は産業革命や情報技術革命といった技術革新の度に巻き起こり、ラッダイト運動（1810年代、英国の産業革命期に繊維工業地域で起きた、失業を恐れた手工業者による機械破壊運動）のような一部の衝動的な反応もみられた。けれども社会全体では機械化の恩恵に適応し、過剰な恐怖はいずれも杞憂に終わっている。機械化によりそれまで人が担っていた仕事が不要になることは、人を重労働や単純作業から解放し、本来人しか担えない新たな仕事に注力することを可能にする。来たる時代に人が

表８－１● 問題解決に関する機械と人の性質の比較

	機械	人
意思	無目的 受動的 無私	目的意識 能動的 気概
感情	なし 無感動	あり 驚き 好奇心
方法	算法 （アルゴリズム）	経験則 （ヒューリスティクス）
知識	形式知	暗黙知
正誤	無謬（不可謬）	可謬
戦略	定型的 前例主義 間違い探し	臨機応変 省察と改善
推論	分析的 演繹	拡張的 帰納 仮説形成
問題	良定義問題	不良定義問題
問答	答え	問い
合理性	合理的	限定合理

解決すべき問題を考えれば、方法の道筋がみえてくるはずだ。

そもそも、機械はここまで人と対立させてとらえるべきなのだろうか。機械とは人の能力や機能の一部を模して、拡張したものとされる。例えば筋肉や骨格を模した動力機関、神経や脳を模した計算機や人工知能などである。ロボットや自律運転車のようないくつかの機能を複合した高度な機械もみられるが、今のところ人の総合的な能力やふるまいを模擬する機械の実現にはほど遠い。表 8-1 はこれまでの考察を元に、問題解決に関する人と機械の性質の概要を対比的に分類したものである。これら以外にも様々な観点の分類が考えられるが、両者の区別の核心にあるのは、意思や感情の有無である。

現在そして今後、労働や問題解決における人の役割に大きな影響を与えるのはニューラルネットワークをはじめとする人工知能であるといわれる。チェスや碁、画像認識などに特化した特徴量学習ではすでに人を凌駕している。けれどもすでに第４章で見てきたように、そこで行われているのは誤差を最小化する最適化計算に過ぎない。人を上回る速さで、計算が進むにつれてより正確に、複雑な対象に含まれる特徴量を学習するため、そこには何らかの知性が感じられるかもしれない。けれどもその過程は人が規定したアルゴリズムにやみくもに従うだけで、間違いがない代わりに、工夫や改善が行われることもない。もしプログラムに間違いがあれば、まったく動作しないか、間違った結果を平然と返すのみで、人のように驚きや違和感を覚えることもないのだ。

人の弱み、機械の弱み

人工知能と人の知能を隔てる根本は、意思や感情の有無にある。意思や感情がなければ目的もなく、驚きや好奇心によって問いを発することもなく、仮説を立てることもない。与えられた規則や算法に沿って間違いなく形式的な処理を繰り返すことができるということは、人のように臨機応変に工夫したり省察を元に改善したり、その結果時には間違えたりすることができないということでもある。意思や感情に頼ることは弱みでもあり強みでもある。表8-1の性質はいずれも問題の特性によっては長所にも短所にもなり、どちらか一方が常に優れるということではない。例えば

IBMの人工知能ディープブルーが1997年にチェスの世界チャンピオンを破ったことはよく知られる。けれどもその後の、人と人工知能がいずれも参加可能なフリースタイルチェスでもっとも勝率が高いのは、人工知能でなく人と人工知能を組み合わせたチーム、いわゆるケンタウロス（半人半馬の神話上の創造物）と称される種類の参加者であるという。またチェスや将棋、碁で人工知能が人を凌駕し始めて以降、それらのゲームの人気は衰えるどころかむしろ高まり、プロ、アマチュアともに人工知能を用いて訓練することで実力が向上し、これまで見出されることがなかった新たな戦略が創出されているという。現在、チェスのグランドマスター（国際チェス連盟に付与される最高の称号の一つ）の人数は1997年と比べて2倍以上に増えているといわれる[15)]。

このような人と機械を取り巻く新たな状況からは、今後の社会における問題解決の方法論に関する示唆が得られるだろう。現在われわれが直面しているのは、機械や人工知能が圧倒的な能力で人の職務を奪うといった恐るべき状況ではない。機械が得意とする単純な力比べや計算の速さ、勤勉さや正確さ、忍耐強さ、注意深さなどの言葉で形容される分野で人と競合する問題解決は、その役割を終え始めている。けれどもオーターが、技術変化で代替されるのではなく補完的になるような技能を生み出す人的資本投資が必要と提唱しているように、人のみが可能な分野の問題解決能力や職務の需要はむしろ高まっている。そのような問題解決とは、意思や感情が不可欠となる分野に行き着く。単純な最適性にとどまらない倫理観や共感、思いやり、もてなしの心が必要となるような、医療、介護、教育、娯楽などの分野では人の役割を欠くことはできない。これはデザイン思考が人を問題解決の中心に据え、顧客や使用者に対する共感を重視していたことを思い起こさせる。

また、意思や感情、情緒といった人の固有の能力は、このような単に対人的業務を伴う分野の問題解決だけでなく、まったく新たな、革新的な問題解決が求められる場合に決定的な役割を果たす。知識の革新的な拡張をもたらす仮説形成は驚きという感情の生起により端緒が開かれるからだ。

人工知能による仮説形成の実現については様々な研究が見られるが、いずれも予め用意された知識の集合の中で、それらの組み合わせにより新たな知識を生成するような良定義問題の解決にとどまっており、その意味で機械による真の仮説形成はいまだ実現していない。人工知能が仮説形成をものにして、拡張的に知識を獲得する状況はいわゆる技術的特異点（シンギュラリティ singularity）と呼ばれる局面に相当する。これは、すなわち人間の知能を超える人工知能が誕生する瀬戸際である。けれどもその特異点が訪れるとされる2045年頃に機械が人の知性を上回り、人に代わって文明の進歩を担うだろうという予測には様々な異論や批判もある。科学における法則発見や、新たなデザインの創出といった不良定義問題の解決には人のみが有する意思や感情、それらによる仮説形成が当面は不可欠なようである。けれどもブリニョルフソンやマカフィーが唱えたように、やはり長期的将来には機械が人の仕事を代替してゆくというのが大方の見方である。それがどのような技術で、いつ頃までに到来するのか、目下のところ諸説あり予測は難しいが、当分の間優位となるのが、人と機械の混成（hybrid）による問題解決とされる。人と人工知能による半人半馬が成功を収めているように、機械の長所と人の長所を適材適所で用いることが、技術的特異点がいずれ到来するにしても、それまでの間のもっとも合理的な方法となるはずだ。人が機械に指示を出し、提示された案をもとに、人の感情や美意識、倫理観、経験則、大局観などに基づき妥当な解決策を対話的に採用する過程は当面は最善な方法であろう。人対機械という対立でなく人と機械の協調ととらえる概念、そのための方法を確立することが現代の問題解決の鍵となる。

個人が主役となる Web 3、人間中心の Society 5.0

以上のように、機械や人工知能と協調する社会やそこでの生活、働き方の具体的な姿はすでに様々に予測されている。それらをふまえて今後の方法論をさらに考察してみたい。

現代の人工物の中でもっとも技術革新が著しく、産業を発展させ、社会に影響を与えているのは情報技術である。コンピューターやスマートフォン、そこで動作するソフトウェアなくしては生活や仕事が成り立たなくなっている。情報革命と呼ばれた 90 年代以降の背景にはインターネットの普及がある。また 2000 年代以降、人工知能が深層学習により従来の障壁を打ち破った背景にはインターネット上の膨大なデジタルデータが使用可能となったことがある。これらの情報技術の段階はそれぞれ次のように整理される場合が多い。

Web1.0：1990 〜 2004 年　読み取り専用ウェブサイト（一方向）

Web2.0：2005 〜 2021 年　SNS や GAFA 等の中央集中サービス

（双方向）

インターネットの普及によりわれわれの生活は一変した。それまで文字で書かれた文章を相手に届けるには郵便やFAXを用いていたのが、eメールに取って代わられた。Googleが1998年に創業し、検索アルゴリズムによって目当ての情報に効率的にたどり着くことができるようになった。建築設計でもかつては建材や設備のカタログなどは宅配便で、更新される度に取り寄せたり電話をかけて確認したりしていたのが、どこからでも最新の情報が閲覧できるようになった。図書館に行かずともWikipediaなどのサービスによって様々な知識が入手できるようになり、書店や百貨店に行かずともAmazonなどから通信販売で書籍や雑誌を購入できるようになった。このようなウェブサイトの検索や読み取りを主とする状況はWeb1.0と称される。そして2004年にFacebookが創業する頃から、SNSを通じて個人が文章や写真を気軽に発信する時代に入る。膨大なデジタルデータが個人のスマートフォンやPCから無償で自発的に生み出されるようになり、それらに広告を結びつけたり、それらを分析して市場調査を行ったりすることで新たな価値が生まれた。ネット上の大規模なデジタルデータは当時GAFAと呼ばれたような巨大情報技術企業が集中的に管理し、人工知能などの技術を駆使して莫大な収益を上げるようになった。それらの巨大企業は無料の至れり尽くせりのアプリケーションやサービスを提供する一方、使用者のデータを独占的に管理するようになり、今ではこれらのデジタルアプリケーションに頼らずに生活することは現実的でなくなっている。

この頃からわれわれは日常生活の多くの時間をスマートフォン

やPCの画面に没入し、デジタル世界とのつながりを断つことができなくなった。現実空間で会ったことのない人とインターネット上で交流し、現実の自分とは異なるインターネット上の自己を創造することもできる。物理的な現実空間に対して電子的な仮想空間（メタバース）に関与する時間が長くなり、人によってはより重要になる場合もある。米国の調査会社Emergen Researchによると、世界のメタバース市場は2020年の476.9億ドルから、2028年には8,289億ドルに成長する見込みだという[16]。それまで建築学などの分野では自然環境（natural environment）に対して人工的な構築環境（built environment）を定義して両者を対比的に扱ってきたが、ここにきて仮想環境（virtual environment）がわれわれの日常生活を取り巻く第三の環境として無視できなくなりはじめる。

そしていま移行しつつあるとされる新たな段階は、Web 3[17]と総称されている。Web 3の核心的な技術にはブロックチェーンや暗号通貨がある。これらは「分散型台帳」と呼ばれるように、中央の集中的な管理者がなく、インターネット上の多数のPCが台帳を共有することで通貨などの価値を確実に、自律的に交換する仕組みを持つ。現在流通するビットコインの時価総額は60兆円を超えるという。銀行などの勘定系システムがしばしば大規模な障害に見舞われる一方、ビットコインは2009年の誕生から今日まで何の不具合もなく稼働し続けている。Web 3では図8-2のように、それまで大規模なIT企業のサーバーやクラウドに集中管理されていたデータは「ピアツーピア（Peer to Peer）」方式で利用者同士で共有管理される。この技術の誕生の背景には、巨大企業などの利用者情報や通貨発行の独占への危惧があるという。イン

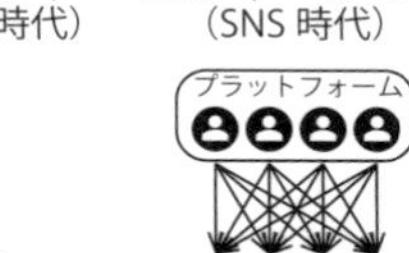
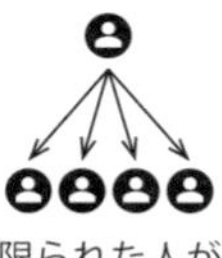
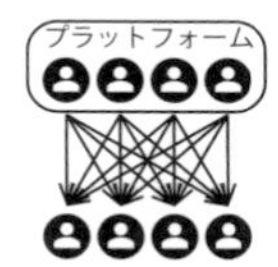

図 8 − 2 ● Web1.0, Web2.0, Web 3 の概念図

ターネットがあらゆるサービスの基盤となり、そこに人工知能が用いられると、大規模なデータを集中的に持つ側の優位性が圧倒的となる。利用者の年齢や性別、住所、インターネット上の閲覧や購買履歴、発言や位置情報が一部の企業に独占され、どのように使用されているかも不透明な状況に、利用者は違和感を覚えつつも、もはやインフラとなったサービスを排除することは容易でない。Web1.0 の個人がプライバシーを確保しながら自由にインターネットを利用できていた状況に、Web2.0 の双方向性をもたせるのが Web 3 と解釈されている。ブロックチェーンの分散型台帳などの技術により、企業や銀行のプラットフォームに頼ることなく、個人のデータや通貨の所有や管理が可能となる。提唱者のギャビン・ウッドによると Web 3 は「専制君主の恣意的な権威に対する個人の自由の基礎[18]」であり、そこでは中央集中の企業でなく、自律分散的な利用者個人が主役となる。

また、日本が目指す未来社会の姿として、文部科学省により 2021 年に Society 5.0[19] という概念も提示されている。これは、狩

コラム❸ column ブロックチェーン

ブロックチェーンとは、情報通信ネットワーク上にある端末同士を直接接続して、取引記録を暗号技術により分散的に処理・記録するデータベースの一種である。プルーフ・オブ・ワーク（PoW）などのコンセンサスアルゴリズムにより、ブロックチェーンの改竄はネットワーク上の計算機の問題計算能力の過半の計算能力が必要となるため困難である。ブロックチェーンにより、銀行や政府のような信用ある中央システムを介さずに情報や貨幣などを交換できる点でビットコインや Web 3 の革新が生まれた。

各ページの要約は「次のページ」に含まれている

n ページを改竄すると、n+1 ページ、n+2 ページ…と以降のページすべてを辻褄合わせのために改竄する必要がある

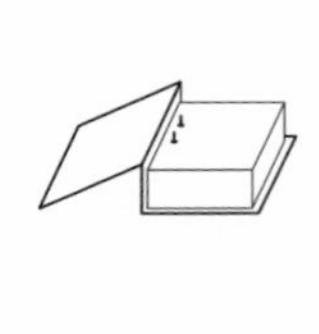

帳簿

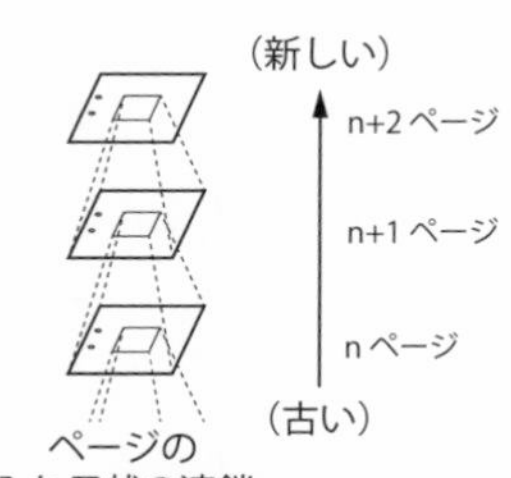

ページの
入れ子状の連鎖

ブロックチェーンの改竄の困難さの概念図

ブロックチェーンを帳簿、連結された各ブロックをページに例えている。あるページを改竄すると、以降のページすべてを改竄する必要がある。しかし改竄作業を行ううちにもネットワーク上の「良心的な」計算機により次々に「正しい」ページが綴じられてゆくため、改竄を成功させるには割に合わないほど大きな計算能力が必要となる。

猟社会（Society 1.0）、農耕社会（Society 2.0）、工業社会（Society 3.0）、情報社会（Society 4.0）に続く、新たな社会を指すもので、具体的にはサイバー空間（仮想空間）とフィジカル空間（現実空間）の融合により、経済発展と社会的課題の解決を両立する、人間中心の社会（Society）であるという。また同じく2020年から創設された内閣府によるイノベーションの創出を目指すムーンショット型研究開発制度では「2050年までに、人が身体、脳、空間、時間の制約から解放された社会を実現[20]」という目標が掲げられている。そこでは人と機械が協調するのみならず、人と機械が融合して生活や仕事を行うサイバネティック・アバターという概念が提唱されている。

以上のように今後の社会や技術に対する動向を俯瞰すると、そこに共通してみられるのは、人間中心で個人を尊重する概念であることが分かる。そしてそのような概念の背景には、情報技術や人工知能をはじめとする技術革新がある。機械が人の職務を奪うという人と機械の対立でなく、人が機械とともに協調し、さらには人と機械が融合し一体化することにより、個人を尊重しつつ来るべき社会の諸問題を解決することが目指されている。人と比べて圧倒的な演算能力を備えた計算機が登場した20世紀半ば以降、その一方で有機体の認知や心的過程の理解が進み、さらに生物の脳や進化、問題解決の仕組みを応用することで計算機科学もまた発展した経緯があった。21世紀初頭の人工知能の革新を契機に、ここに来て人と機械の関係はかつてと同様の相互補完的な飛躍的発展を迎えているように見える。

人と機械が不可分となる社会では、人の担うべき問題、機械の担うべき問題の境界が一層明確になる。重労働、煩雑な計算、単純作業、演繹推論などで解決可能な良定義問題は、いずれは人が担うべき問題から除外されてゆき、多くを機械に委ねることができるようになると考えられる。人しか解決することのできない問題、あるいは人が機械に指示して機械とともに解決する問題に、人は注力することになる。またそのような問題を解決できる人の価値が一層高まると考えられる。機械には当分不可能とされる、新たな概念を創出する仮説形成、それを可能にする個人の感情や意思がかけがえのないものとなる。来たる社会では普遍的な科学的知識や技術を基盤として人工知能やロボット、アバターなどの機械と協調しながら、それぞれの個人が社会の中で自律分散的に育む経験則や感情、意思に基づき、創造的に諸問題を解決することが求められるだろう。

3　知情意

今後のデザイン方法あるいは問題解決、そして人と機械の関係について展望を描いてみたい。われわれを取り巻く時間は一方向に流れ、先々を見通すことは難しい。けれども朝昼晩という一日、一年、また人の一生も、ある時間単位の類似した繰り返しを伴うことから、この周期を俯瞰することで何らかの先の予測の手掛かりとなるだろう。これまで見たようにデザイン方法においても潮の満ち引きのような循環が見られた。創造やひらめきが作り手の神聖な領域であった時代から、それでは複雑な人工物デザインには歯が立たないということでシステマティックで科学的な方法論が模索された時代、しかし提示された手法はあまりに単純で現実の問題に適用するには時期尚早とされた時代。一方で情報技術や計算機科学は着実に進歩し、21 世紀になり人工知能の主要な障壁の一つを突破したことから、現実の様々な問題に適用されつつある現代。デザイン分野の「ひどい問題」や革新の創出という難題に対しても、より実効的なデザイン思考という方法論が提唱され成果を挙げている。デザインは相変わらず難解で、好奇心を惹く対象であり続けているが、今後もその方法論は満ち引きを繰り返しながら進化し続けるだろう。

ここで、来たるべき社会を時代精神という循環的な概念により俯瞰した長尾眞（1936-2021）の言説[21)]を参照したい。序章でも紹介した長尾は計算機による自然言語処理や画像認識の第一人者で、情報工学や認知心理学の専門家であるが、生家は神職を奉じていたこともあり宗教や哲学分野にも造詣が深く、様々な示唆に富む言説を残している。なかでも「心の時代」は晩年の 2018 年にまとめられた講演録で、科学技術が急速に発展する状況における人の心のありようを唱えており興味深い。以下に引用しよう。

> 歴史的流れから見た時代精神の変遷
>
> ①時代は「知・情・意」の精神の繰り返しとなって流れていると考えられる。例えば西洋文明は古代ギリシャ時代（知）、中世キリスト教時代（情）、ルネッサンスからフランス革命の時代（意）を経て、再び科学技術中心の 19、20 世紀という知の時代となってきた。
>
> ②科学技術の発達とともに原子や生命の科学などの基本的原理が解明された結果、脳科学以外には根本的な未知の世界はなく

なったといってよいだろう。知の時代の終わりが近づいているのではないか。

③時代精神の流れである知・情・意の繰り返しからして、21 世紀は情の時代、「心の時代」に移ってゆくだろう。現代文明の恩恵にこれ以上浴すよりは、心の不安を無くし、安心した生活を営みたいという気持ちが先進国を広く覆いつつある。宗教的なものの復活の兆しも現れてきている。

ここでは、プラトンの概念である知情意の三分説に基づき、科学的知識のような普遍的な知から個人的な感情や意識が尊重される社会へと時代は変遷を繰り返すと俯瞰的に考察されている。機械による労働の代替、Web 3 、Society5.0 など、様々な分野の動向や言説を横断的にとらえると、個人の心が基軸となる一つの概念が浮かび上がってくるようである。

自然科学は知の基盤となり社会の発展に着実に寄与してきた一方で、環境問題や気候変動、格差社会などの現代の諸問題を不可避的に生み出した。これらの難解な問題に対しては、専門分化した各学問分野の専門家による問題解決にとどまらず、学際領域をまたぐ新たな概念による問題解決が必要となっている。現実の問題解決に効力を発揮したデザイン思考は、困難な問題に対して、従来の専門家のいわゆる玄人的な解決方法に頼らず、専門外のいわゆる素人のデザイナーが新たな視点から問題を俯瞰することで、創造的な解決方法を導いた。その核心には人間中心の方法論があった。従来にない新たな解決方法や仮説を創出するには、普遍的な知識だけでなく、個人的な感情や意識が重要な役割を果たす。従来の知が限界を来している困難な問題の解決に予想外の貢献を示すのは、専門家や機械と協調することのできる、感情豊かで気概にあふれた自由な人間的視点であるのかもしれない。

終　章
不確実な未来に向かって「間違う」デザイン

デザイン方法論にもっとも期待されるのは、いかによくデザインを行うことができるか、そしてその核心にある問いは、本書で辿ってきたように、「いかによく仮説形成を行うか」であるだろう。けれどもこの問いに対する明確な答は提示されていない。これもまたいわゆる「ひどい問題」であることは間違いないが、本書の結びにあたりこれまでの論旨を振り返りながら考えてみたい。

仮説形成に必要なもの

序章ではじめに、大学でともに教育、研究の対象となる自然科学とデザインについて対比的にとらえて考察した。自然科学は長い歴史を持つ確固とした方法論を基盤に、自然の成り立ちを着実に解き明かし、得られた知識、技術は学問にとどまらず社会にも多大な影響を与えてきた。一方デザインは、何らかの目的のために、要素となる自然の材料や知識、技術を合成して人工の物や情報を創造することで、その方法論が体系化され始めるのは20世紀半ば頃からであった。自然科学は自然の成り立ちを解明するために、分析的で要素還元的な方法が中心となるのに対し、デザインは要素を組み合わせて人工物を創造するために、総合的で合成的な方法がとられる。そのため両者の探求方法は対比的にとらえられる。けれども自然科学における新たな法則発見、デザインにおける新たな案の創出の過程ではともに、拡張的な推論である仮説形成が決定的な役割を果たす。推論とは既知の知見から、新たな知見を導く思考である。既存の要素を組み合わせ、総合することで、新たな事物を創造する過程はデザイン的である。近年では技術や商品、制度などの革新をもたらす方法論としてデザイン的な思考方法が多くの分野で導入され成果を上げている。自然科学は複雑で未知な自然を「わける（わる）」ことで知識が拡張するのに対し、デザインは自然の既知の要素をもとに「つくる（つく／つける）」ことで人工の物や情報を生成する。自然科学は近代に方法論が確立され、漸進的に自然の解明が進んでいる。解明された知見は普遍的で、発見者や時代、地域などの影響を受けにくい。一方デザインは心理学、論理学、計算機科学、建築学などの学際領域で方法論の研究が行われ諸理論が提唱されてきたが、自然科学のような確固とした方法論の獲得にはいたっていない。創出されるデザインは作者や状況に左右され、革新をもたらす場合もあれば誤る可能性も大きい。

デザインに関する問題の多くは、前提から一意に解が導かれる良定義問題でなく、解の導出方法も解が存在するかどうかも不明な不良定義問題、あるいはいわゆるひどい問題に分類される。不良定義問題の解の導出では、推論の中でももっとも強い知識拡張性を持つ仮説形成が主要な方法となる。演繹は前提となる知見の言い換え、帰納は前提となる知見の拡大解釈に過ぎないのに対し、仮説形成はまったく新たな概念の獲得を可能にする。その代わりに論証力はもっとも乏しく、誤る可能性を常に有する。とはいえ仮説は無作為に生じるわけではない。パースによると、人には生得的によく仮説形成を行う能力が備えられているとされる。そのような能力は、自然の一部である人が、自然における長い進化の過程で獲得したという。仮説形成が生じる脳や神経の機序はいまだ解明されていない。そのため現時点では仮説形成が生じるしくみや過程を論理的に扱うことはできない。けれども少なくとも仮説形成は人そして生命の方法論と密接な関係がある。もっともふさわしい解の見通しが立たないとき、人は自らの方法に基づき、前提から何らかの妥当な解を導出する。導かれる解は個体により異なるため多様となるが、まったく無秩序でばらばらな解が得られるわけではない。生命は自己を保存するために動的な環境に適応する。空間に対しては、生存に有利な場所を自ら移動して選択し得るが、一方向で不可逆な時間に対しては、有利な適応方法を予見することができない。そのため多様性を予め備えておくことで、想定外の環境変化にも適応可能となる。現在の環境に対する既知の前提から、各個体が妥当な新たな個体を生み出す過程は、仮説形成の過程に相対してとらえられる。それらはともに、時間という非対称な環境に対する唯一の方法論となる。仮説形成あるいは進化によって、導かれた解や個体が真となるか偽となるかは予見できず、場合により数々の正解や間違いが生じる。けれどもそれらの個々の真偽よりもむしろ全体としての多様性や新規性、それらを生み出す過程や方法論自体に、時間に適応するための鍵があると考えられる。

仮説形成のしくみは解明されていないが、個々の仮説形成の事例は様々に見られ、研究されている。パースによると仮説形成は「ある驚くべき事象」が起点となる。これは例えばかの林檎の落下である。驚きをもたらすのは、普段と異なる現象や好奇心をひく出来事などの、観察者の感情の琴線に触れる事物である。パースはそのような心の動きを、論理学より上位の美学の範疇に位置付けた。これに即して仮説形成の源泉をたどると、論理の外にある心や魂の深淵にいたる。

仮説形成はだれにも自ずともたらされるものではなく、少なくとも次のような要素が不可欠となる。第一に、仮説の前提となる知識がある。ニュートンは物理学はもとより、天文学、数学、化学、光学など幅広い学問分野に通じていたとされる。ガリレオやティコ、ケプラーらの先行する研究の理論が法則発見の下地となっている。このような仮説形成の基盤となる関連知識は工学者の吉川弘之（1933-）[1)]により「コレクション」と称されている。第二に、驚きや興味を生じる感情がある。仮説形成の起点となる情動は、理由や論理なく、瑞々しい心によって無意識の瞬間に引き起こされる。林檎の落下の際の心の動きである。第三に、発見に対する気概がある。パースが指摘したように普段から新たな知見を求める意識や意欲がなければ知識や感動があったとしても優れた仮説には結びつきがたい。誤りや不成功をおそれず、楽観的に発見を求める意欲が決定的となる。ニュートンは同時代の物理学者と先を争い意欲的に研究に没頭していた。これらの三要素は先述のノーベル賞の科学的発見やデザイン思考における問題解決の事例を顧みても重要な役割を担っていることが分かる。つまり、

・知識（知）

・感情（情）

・意識（意）

が少なくとも仮説形成に必要な要素と考えられる。この知情意の分類は、哲学における「魂の三分説（Plato's theory of soul）」として古くから知られるものである。プラトンが提唱[2)]し、後にカントの哲学などにも影響を与えた。現在でも様々な批判があるにせよ人文科学や量子論の一部[3)]などに研究がみられる。プラトンの魂の三分説では三つの要素は理知（ロゴス）、欲望（エピテューミア）、気概（テューモス）と呼ばれた。またそれぞれを重視する立場は知性主義（intellectualism）、情緒主義（emotionalism）、意思主義（voluntarism）として知られる。仮説形成の根源については、こうした古くからの哲学の知見からも示唆を得ることができるだろう。これら知、情、意はそれぞれ、理知や論理の範疇にある科学、感情や心の範疇にある芸術、人の目的を達成するためのデザインに対応する点でも興味深い。

人の本質をはぐくむデザイン教育

最後に、本書のきっかけとなった大学のデザイン教育に求められる姿を展望したい。

現実のデザイン問題の多くは不良定義問題で、科学や工学、美学などの広範な分野の知識が求められる。デザイン教育を担う建築学科や住居学科は、工学部、芸術学部、生活科学部といった分野に含まれるが、今後の社会の問題解決にはそれらの分野を超えた学際的な知識、技術が必要となる。工学部なら工学や情報学の理論、芸術学部なら芸術的な理論や技法と、各部局が依拠する中心的な方法論は異なるとしても、問題を俯瞰する広い視点や学際的な知識の習得を妨げるものではない。デザイン思考に見られるように現実の問題解決を目標として、人工知能やシミュレーション技術、可視化技術などの発展著しい情報技術を習得したり、あるいは異分野の専門家と協働したりすることで、新たな解決方法を模索する実践的演習の効果は大きい。異分野の専門家の知見や異質な意見、素人の意見を狭量に排除せずに、議論の中で解決案を育んでゆく、人間中心の開かれた文化も必要となる。

何かを試せば往々にして間違うが、不確実な未来に向かって間違いを恐れずに試し続けられるのは人の、あるいは生物の本質的な能力であるだろう。普遍的と思われた科学的法則もいずれは新たな発見により修正され、覆る。仮説形成や問題解決の結果は常に暫定的であるために、むしろその過程や方法論に価値の大本がある。もし間違いなく試す方法が解明されたなら、人や生物が試すこと、限りある命を生きることは何の意味を持つだろう。仮説形成の核心では人の心が作用していた。今後の社会では機械の能力がこれまでになく拡張し、真に人が解決すべき問題が一層明確になる。そのとき人は知識一辺倒に陥らずに感情や意思といった人の本質を確固として持つべく、それらを学校教育や社会全体で育んでゆくことがより一層重要となるのではないだろうか。

あとがき

拙著を手に取り最後まで読んでくださりありがとうございます。デザインと学問に関わる中で、大切と思われること、興味を持ったこと、不思議を感じたことなどの漠然とした関連概念を、論文より自由な形式の書物にまとめることで自らより良く分かり、それは他の人にとっても同じく意味を持つのではないかという思いが本書のきっかけでした。本書の問い自体も「ひどい問題」といえますが、間違いを恐れず書き進めましたので、ご感想やご意見、反論などを伺い、省察できれば幸甚です。

最後に、出版の機会を与えてくださった京都大学学術出版会の皆さまに感謝申し上げます。特に編集者の嘉山範子様には本書の全般にわたり大変お世話になりました。ありがとうございました。生硬な原稿を書物にするために数々の貴重なご指摘や助言を下さいました。文章の校正から体裁、図版の整理や許諾など、多大なご苦労をお掛けしたと思います。改めて心より感謝いたします。

註

序　章

1）ロベルト・ベルガンティ著／立命館大学経営学部DML訳、岩谷昌樹、八重樫文監訳・訳『デザイン・ドリブン・イノベーション』同友館、2012年。

2）ハーバート・A・サイモン著／稲葉元吉・吉原英樹訳『システムの科学』（新版）、パーソナルメディア、1987年、pp.3-6。

3）大槻文彦『言海』p.1068「わける：別（ワ）くの訛」、p.566「つく-る：付くる意より転じたる語か」（「WEB言海」を参照）。

4）確立された科学的法則であってもその後誤りが判明する場合もある。

5）長尾眞「博士学位授与式における総長のことば」（『京大広報』2003年4月号外、p.1438）。https://www.kyoto-u.ac.jp/static/ja/issue/kouhou/documents/0304s.pdf　2022年11月17日最終確認）一部表記を改めた。

6）サイモン、前掲書。

7）Donald A. Schön, *The Reflective Practitioner: How Professionals Think In Action*, Basic Books, 1984.（邦訳はドナルド・A・ショーン著／柳沢昌一・三輪建二監訳『省察的実践とは何か――プロフェッショナルの行為と思考』鳳書房、2007年）

第1章

1）ハーバート・A・サイモン著／稲葉元吉・吉原英樹訳『システムの科学』（新版）、パーソナルメディア、1987年、p.133。

2）Webber Rittel, "Dilemmas in a General Theory of *Planning*," *Policy Sciences*, vol. 4, 1973, pp.155-169.

3）『世界大百科事典（第2判）』平凡社（コトバンク）、「建築」項参照。なお、Architectureの語源はギリシア語のarchitectonicēで、ars（art：芸術）、technicus（technique：技術）の統合とされる（森田慶一『建築論』東海大学出版会、1978年、pp.161-162）。

4) D. G. Thornley, J. C. Jones, *Conference on Design Methods*, Pergamon Press, 1963.

5) S. A. Gregory, *The Design Method*, Butterworth & Co.Ltd., 1966.

6) G. Broadbent, A.Ward, *Design Methods in Architecture*, Lund Humphries, 1969.

7) Gary T. Moore, *Emerging Methods in Environmental Design and Planning*, The MIT Press, 1970.

8) Nigel Cross, *Design Participation*, Academy Editions, 1972.

9) William R. Spillers, *Basic Questions of Design Theory*, North-Holland Publishing Company, 1974.

10) Barrie Evans, James Powell, *Reg Talbot, Changing Design*, John Wiley & Sons, 1982.

11) Richard Langdon の以下の文献参照。*Design and Society*（Design Policy vol.1）, *Design and Industry*（Design Policy vol.2）, *Design Theory*（Design Policy vol.3）, *Design Evaluation*（Design Policy vol.4）, *Design Education*（Design Policy vol.5）, *Design and Information Technology*（Design Policy vol.6）。いずれも The Design Counsil, 1984 年。

12) G. T. Moore（ed）, *Emerging Methods in Environmental Design and Planning*, The MIT Press, 1970, Preface viii.

13) 吉田武夫『デザイン方法論の試み』東海大学出版会、1996 年、pp.16-20。

14) J. Christopher Jones, D. G. Thornley（eds.）, *Conference on Design Methods, Papers presented at the Conference on Systematic and Intuitive Methods in Engineering, Industrial Design, Architecture and Communications, London, September 1962*, Pergamon Press, 1963, pp.5-6.

15) 「われわれは特にデザインに関する問題を解くためのシステマティックな方法を探り、確立することに関心を持っている。一方、制約から解放された創造性を保持しながら、練られた思考のシステマティックなプロセスと、アカデミックな知識を伴った総合的な体験とに支えられる創造的なプロセスとしてデザインを考える、そのような方法を探求している。」

16) Peter G. Rowe, *Design Thinking*, MIT Press, 1987, pp.48-49.

17) Morris Asimow, *Introduction to Design*, Prentice-Hall Inc., 1962.

18) J. Christopher Jones／池邊陽訳『デザインの手法――人間未来への手がかり』丸善、1973 年。

19) Christopher Alexander, *Note on the Synthesis of Form*, Harvard University Press, 1964.
20) アーチャーの論文「デザイナーのためのシステマティックな方法」に掲載。文献詳細は第2章註12を参照。

第2章

1) 野依良治『事実は真実の敵なり――私の履歴書』日本経済新聞出版社、2011年、p.199。
2) 『広辞苑　第7版』「問題」項、岩波書店、2018年。
3) E. L. Thorndike, *Human Learning*, MIT Press, 1931.
4) ポパー著／大内義一・森博訳『科学的発見の論理』上、恒星社厚生閣、1971〜72年、pp.95-113。
5) 例えばクワインの論文「経験主義の二つのドグマ」など。
6) C. West Churchman, "Wicked Problems," *Management Science*, 14 (4), December 1967, B-141-B-146.
7) Churchman, ibid.
8) Horst W.J. Rittel, Melvin M. Webber, "Dilemmas in a General Theory of Planning," *Policy Sciences*, 4 (2), 1973, pp.155-169.
9) Morris Asimow, *Introduction to Design*, Prentice-Hall Inc., 1962.
10) Ronald D. Watts, "The Elements of Design," in S. A. Gregory (ed.), *The Design Method*, 1966, p.85, Figure 11.1.
11) J. Christopher Jones, *Design Methods, seeds of human futures*, John Wiley & Sons Ltd., 1970.（邦訳はJ. Christopher Jones／池邊陽訳『デザインの手法――人間未来への手がかり』丸善、1973年）
12) アーチャーの論文「デザイナーのためのシステマティックな方法」は雑誌『デザイン（*Design*）』（産業デザイン協議会）誌上に1963〜64年の計7回にわたって連載された。以下にタイトルと書誌情報を記す。第1回「美学と論理」（*Design* 172, April 1963, pp. 46-49）、第2回「デザインとシステム」（*Design* 174, June 1963, pp. 70-74）、第3回「概要の把握」（*Design* 176, August 1963, pp. 52-57）、第4回「証拠の検証」（*Design* 179, November 1963, pp. 68-72）、第5回「想像的飛躍」（*Design* 181, January 1964, pp. 50-52）、第6回「退屈な重労働」（*Design* 185, May 1964, pp. 60-63）、第7回「最終工

程」(*Design* 188, August 1964, pp. 56-59)。

13) Archer, L Bruce, *Thesis, The Structure of Design Processes*, Royal College of Art, 1968.

第3章

1) "But man has still another powerful resource: natural science with its strictly objective methods." From Nobel Lectures, Physiology or Medicine 1901-1921, Elsevier Publishing Company, Amsterdam, 1967.(ノーベル生理学医学賞受賞講演録 1901-1921、エルゼビア、1967 年)https://www.nobelprize.org/prizes/medicine/1904/pavlov/lecture/

2) John Dewey, "Five distinctive steps in reflection," *How We Think*, D. C. Heath, 1910, p.72.

3) J. B. Watson, "Psychology as the behaviorist views it," *Psychological Review*, 20 (2), 1913, pp.158-177.

4) E. Thorndike, "Animal Intelligence, An Experimental Study of the Associative Processes," *Animals, Psychological Review*, vol. II, No. 4, 1898.

5) ケーラー著/宮孝一訳『類人猿の知恵試験』岩波書店、1962 年。

6) Karl Duncker, "On Problem-Solving," *Psychological Monographs*, Vol. 58, Num 5, The American Psychological Association, Inc., 1945.

7) Craig A. Kaplan, Herbert A. Simon, "In search of in sight," *Cognitive Psychology*, Volume 22, Issue 3, July 1990, pp. 374-419.

8) M. E. Fisher, "Statistical mechanics of dimers on a plane lattice," *Physical Review*, 124, pp.1664-1672, 1961.

9) 計算機科学で成功した方法を生体に適用し、人間の問題解決などの心的過程に対して検証可能な推論を立てる手法は逆行分析(reverse engineering)の一種とも解釈される。

10) A. M. Turing, "On Computable Numbers, with an Application to the Entscheidungsproblem," *Proceedings of the London Mathematical Society*, Volume s2-42, Issue 1, 1937, pp. 230-265.

11) Allen Newell, J. C. Shaw & Herbert A. Simon, "Elements of a theory of human problem solving," *Psychological Review,* 65 (3), 1958, pp.151-166.

12) Whitehead, Alfred North; Russell, Bertrand, Principia mathematica. 1 巻が 1910

年、2巻が1912年、3巻が1913年（いずれも初版）にCambridge University Pressから刊行。

13）B. Wansink, J. Sobal, "Mindless Eating: The 200 Daily Food Decisions We Overlook," *Environment and Behavior*, 39（1）, 2007, pp.106-123.

14）Herbert A. Simon, *Administrative Behavior: a Study of Decision-Making Processes in Administrative Organization*（1st ed.）, Macmillan, 1947.

15）K. Dunbar, "Problem solving," in W. Bechtel, G. Graham（eds.）, *A companion to Cognitive Science*, Blackwell, 1998, pp.289-298.

16）Drew Mcdermott, "Artificial Intelligence meets natural stupidity," *ACM SIGART Newsletter* No.57, 1976, pp.4-9.

17）Karl Duncker, "On Problem Solving," *Psychological Monographs*, 58, American Psychological Association, 1945.

18）M. L. Gick, K. J. Holyoak, "Analogical problem solving," *Cognitive Psychology*, 12（3）, 1980, pp.306-355. 要約は同書p.311のTable 1より作成。

19）命題番号は、分散攻撃物語と放射線問題と分散解法の命題の対応関係を示している。

20）Peter G. Rowe, *Design thinking*, MIT Press, 1987.（ピーター・G. ロウ著／奥山健二訳『デザインの思考過程』鹿島出版会、1990年）

21）スキーマについて「長期記憶に保存された事物に対するひとまとまりの知識」という定義を初めに示したのは1932年のバートレットによる研究とされている。F. C. Bartlett, *Remembering: a study in experimental and social psychology*, Cambridge University Press, 1932.

22）William G. Chase, Herbert A. Simon, "Perception in chess," *Cognitive Psychology*, Volume 4, Issue 1, pp. 55-81, 1973.

23）K. A. Ericcson, W.G. Chase, S. Faloon, "Acquisition of a memory skill," *Science*, 1980, Jun 6, 208（4448）, pp.1181-1182.

24）S. Wiedenbeck, "Novice/expert differences in programming skills," *International Journal of Man-Machine Studies*, 23（4）, 1985, pp.383-390.

25）M. Myles-Worsley, W. A. Johnston, & M. A. Simons, "The influence of expertise on X-ray image processing," *Journal of Experimental Psychology: Learning, Memory, and Cognition*, 14（3）, 1988, pp.553-557.

26) W. F. Helsen, J. L. Starkes, "A multidimensional approach to skilled perception and performance in sport," *Applied Cognitive Psychology*, 13 (1), 1999, pp.1-27.

27) R. A. Finke, T. B. Ward &S. M. Smith, *Creative cognition: Theory, research, and applications*, The MIT Press, 1992.

28) S. M. Smith, T. B. Ward & R. A. Finke (eds.), *The creative cognition approach*, The MIT Press, 1995.

第4章

1) Albert Einstein, "What Life Means to Einstein: An Interview by George Sylvester Viereck," The Saturday Evening Post, p. 117, October 26, 1929.

2) Peter G. Rowe, *Design thinking*, MIT Press, 1987, p.48（ピーター・G. ロウ著／奥山健二訳『デザインの思考過程』鹿島出版会、1990 年）

3) Stephen Boyd Davis, Simone Gristwood, The Structure of Design Processes: ideal and reality in Bruce Archer's 1968 doctoral thesis, p.13, 2016 Design Research Society 50th Anniversary Conference, 27-30 June 2016, Brighton, UK.

4) 前間孝則『新幹線を航空機に変えた男たち――超高速化 50 年の奇跡』さくら舎、2014 年、p.203。

5) 小川隆申、藤井孝藏「微気圧波軽減のための理論的列車先頭形状設計法」『日本機械学会論文集 B 編』62 巻 599 号、1996 年、pp.2679-2686。https://doi.org/10.1299/kikaib.62.2679

6) 松下大輔他「ホテルの客室部分構成比と各事業主体の NPV 最大化の二目的問題」『日本建築学会計画系論文集』66 巻 539 号、2001 年、pp.139-145。https://doi.org/10.3130/aija.66.139_1

7) 松下大輔他「CG 画像の感性評価による対話型進化計算を用いたファサードガラス特性の探索法の研究」『日本建築学会計画系論文集』69 巻 584 号、2004 年、pp. 187-192。

8) 松下大輔他「帰納推論を用いた事例の学習による評価尺度の記述と代替案の絞り込み――住宅耐力壁の配置検討において」『日本建築学会計画系論文集』69 巻 576 号、2004 年、pp.31-36。

9) D. O. Hebb, *The Organization of Behavior: A Neuropsychological Theory*, Wiley & Sons, 1949.

10） G. E. Hinton, R. R. Salakhutdinov, "Reducing the dimensionality of data with neural networks," *Science*, 28, 313（5786）, 2006 Jul, pp.504-7.

11） J. McCarthy, M. L. Minsky, N. Rochester and C. E. Shannon, A Proposal for the Dartmouth Summer Research Project on Artificial Intelligence, 1955.

12） 佐藤理史「人工知能」項（『日本大百科全書（ニッポニカ）』、「コトバンク」ウェブサイト）の解説を参照。https://kotobank.jp/word/%E4%BA%BA%E5%B7%A5%E7%9F%A5%E8%83%BD-4702

13） Marvin Mnsky, "Steps toward artificial intelligence," *Proceedings of the IRE*, 1961, 49.1, pp.8-30.

14） M. Minsky, S.Papert, *Perceptrons*, M.I.T. Press, 1969. 米国の計算機科学者マービン・ミンスキーと同シーモア・パパートは、単純パーセプトロンは線形分離可能な問題を有限回の反復で解くことができる一方、線形分離できない問題は解けないことを証明した。

15） Bruce Buchanan, Edward Shortliffe, *Rule-based Expert System - The MYCIN Experiments of the Stanford Heuristic Programming Project*, Addison-Wesley, 1984.

16） Robert K. Lindsay, Bruce G. Buchanan, Edward A. Feigenbaum, Joshua Lederberg, "DENDRAL: A case study of the first expert system for scientific hypothesis formation," *Artificial Intelligence*, Vol. 61, Issue 2, 1993, pp.209-261. DENDRALは未知の有機化合物を質量分析により特定することができる。

17） Michael Polanyi, *The tacit dimension*, University of Chicago Press, 1966.

18） S. S. Grigsby, "Artificial Intelligence for Advanced Human-Machine Symbiosis," in D. Schmorrow, C. Fidopiastis（eds）, *Augmented Cognition: Intelligent Technologies*, AC 2018, Lecture Notes in Computer Science, vol 10915, Springer, Cham, 2018. https://doi.org/10.1007/978-3-319-91470- 1 _22

第5章

1） "No great discovery was made without a bold guess." ニュートンに帰せられる名言として著名な一文だが、正確な出典は定かではない。

2） このような事象は技術的特異点（technological singularity）とも呼ばれることがある。自律的に動作する人工知能が創造されると再帰的に人工知能の更新が繰り返され、人を凌駕する知性が生まれるという仮説である。

3) ただしアブダクションという用語を最初に用いたのはパースであるが、その概念はアリストテレスが『分析論前書（Prior Analytics）』において三段論法形式で示したものが起源とされる。パースの以下の文献C. S. Peirce, "Elements of Logic," in C. Hartshorne and P. Weiss (eds.), *Collected Papers of Charles Sanders Peirce*, Volume II, Harvard University Press, 1932, p.497を参照。

4) CP1.65. 以　下、CP m.n= *Collected papers of Charles Sanders Peirce*, Vols 1-6 eds. Charles Hartshorne and Paul Weiss (1931-1935) ; Vols.7 & 8 ed. Arthur W. Burks (1958), Harvard University Press. mは巻番号、nは段落番号を示す。

5) CP8.228.

6) Peter G. Rowe, *Design Thinking*, The MIT Press, 1998, p.103.

7) 例えばP. C. Wason, "Reasoning," in B. Foss (ed.), *New horizons in psychology*, Penguin, 1966, pp.135-151など。

8) CP2.624.

9) CP2.624.

10) CP2.640.

11) CP2.623.

12) ただしバルバラ（Barbara：アリストテレス論理学の妥当な推論形式）に沿った形式とするためにパースの原典（Charles Sanders Peirce, *Reasoning and the Logic of Things*, The Cambridge Conferences Lectures of 1898, Edited by Kenneth Laine Ketner）の例を弱干改変している。

13) CP2.623.

14) CP5.171

15) CP5.145

16) William Stukeley, *Memoirs of Sir Isaac Newton's life* (Perfect Livrary), Createspace Independent Pub, 2016.

17) Voltaire, "An essay on the civil wars of France," "An essay on epic poetry," in David Williams and Richard Waller (eds.), *The English essays of 1727*, Voltaire Foundation, 1996.

18) CP, 1.46.

19）CP2,710.

20）トマス・レヴェンソン著／小林由香利訳『幻の惑星ヴァルカン――アインシュタインはいかにして惑星を破壊したのか』亜紀書房、2017年、p.88。

21）CP6.530.

22）CP5.591.

第6章

1）Ever tried. Ever failed. No matter. Try Again. Fail again. Fail better. Samuel Beckett, "Worstward Ho,", Calder Publications Ltd., 1983.

2）W. ハイゼンベルク「XVI　研究者の責任について（1945-1950年）」山崎和夫訳『部分と全体』みすず書房、1974年、p.312, 321。

3）Donald A. Schön, *The Reflective Practitioner: How professionals think in action*, Basic Books, 1983.

4）カール・R. ポパー著／藤本隆志ほか訳「序文」『推測と反駁――科学的知識の発展』法政大学出版局、1980年、pp.xi-xii。

5）トルケル・フランセーン著／田中一之訳『ゲーデルの定理――利用と誤用の不完全ガイド』みすず書房、2011年、p.47。

6）江崎玲於奈「創造的失敗」『日本物理学会誌』69巻3号、2014年、p.127。https://doi.org/10.11316/butsuri.69.3_127

7）田中耕一『生涯最高の失敗』朝日新聞社、2003年、p.68。

8）塚崎朝子「ノーベル賞の大発見は「偶然の産物」だった」東洋経済ONLINE、2018年10月12日。https://toyokeizai.net/articles/-/240658

9）ケクレはベンゼンが環状構造を持つことについて、夢からインスピレーションを得たと主張している。

10）18世紀の英国の政治家、小説家であるホレス・ウォルポールによる造語であり、『セレンディップの3人の王子（The Three Princes of Serendip）』という童話にちなむ。この童話は、旅をしていたセイロンの3人の王子が、聡明さによってたびたび“探していなかったもの”を発見する話である。

第7章

1) 島谷泰彦『人間 井深大』講談社文庫、2010年、p.30。
2) スタンフォード大学、ハッソ・プラットナー・デザイン研究所、一般社団法人デザイン思考研究所編集、柏野尊徳監訳/木村徳沙・梶希生・中村珠希訳「デザイン思考家が知っておくべき39のメソッド」https://designthinking.eireneuniversity.org/index.php?39
(英語版 https://dschool.stanford.edu/resources/the-bootcamp-bootleg)
3) ティム・ブラウン『デザイン思考が世界を変える』早川書房、2019年、p.299。
4) Dean Keith Simonton, *Origins of Genius: Darwinian Perspectives on Creativity*, Oxford University Press, 1999.
5) トム・ケリー、デイヴィッド・ケリー著/千葉敏生訳『クリエイティブ・マインドセット——想像力・好奇心・勇気が目覚める驚異の思考法』日経BP社、2014年、p.67。
6) ジェフリー・フェファー、ロバート・I・サットン著/長谷川喜一郎監訳/菅田絢子訳『実行力不全——なぜ知識を行動に活かせないのか』ランダムハウス講談社、2005年。
7) https://www.sunnyskyz.com/good-news/2467/GE-Converts-Frightening-MRI-And-CT-Scanners-Into-Interactive-Adventures-At-Children-s-Hospitals
8) ティム・ブラウン、前掲書、p.278。
9) K. R. ポパー著/藤本隆志訳『推論と反駁——科学的知識の発展』法政大学出版局、1980年、p.xii。
10) 金出武雄『独創はひらめかない——「素人発想、玄人実行」の法則』日本経済新聞出版、2012年。
11) 割引キャッシュ・フロー法。例えば株式ならば企業の将来キャッシュ・フローを一定の割引率を適用して割り引いた割引現在価値を理論株価とする。
12) ティム・ブラウン、前掲書、p.96。

第8章

1) 小学館『デジタル大辞泉』「歴史は繰り返す」項参照。

2) Iñigo Martincorena, Aswin S. N. Seshasayee, Nicholas M. Luscombe, "Evidence of non-random mutation rates suggests an evolutionary risk management strategy," *Nature* 485, 2012, pp.95-98. https://www.nature.com/articles/nature10995
3) リチャード・ドーキンス著／中嶋康裕ほか訳『盲目の時計職人――自然淘汰は偶然か？』早川書房、2004 年。
4) 英国の天文学者アーサー・エディントン（1882-1944）は時間の非対称性、熱力学第二法則によって定義される不可逆過程の概念を、一度放てば戻ることのない矢にたとえて「時間の矢（Arrow of Time)」と呼んだ。
5) エリック・ブリニョルフソン、アンドリュー・マカフィー著／村井章子訳『機械との競争』日経 BP、2013 年、p.53。
6) エリック・ブリニョルフソン、アンドリュー・マカフィー著／村井章子訳『ザ・セカンド・マシン・エイジ』日経 BP 社、2015 年、p.297。
7) C. B. Frey, M. A. Osborne, "The future of employment: How susceptible are jobs to computerisation?," *Technological Forecasting and Social Change*, Vol. 114, 2017, pp.254-280. https://doi.org/10.1016/j.techfore.2016.08.019
8) ユヴァル・ノア・ハラリ著／柴田裕之訳『ホモ・デウス――テクノロジーとサピエンスの未来』下、河出書房新社、2018 年、p.147。
9) ルトガー・ブレグマン著／野中香方子訳『隷属なき道――AI との競争に勝つベーシックインカムと一日三時間労働』文藝春秋、2017 年、p.31。
10) マイケル・ポランニー著／高橋勇夫訳『暗黙知の次元』ちくま学芸文庫、2003 年、p.18。
11) David Autor, "Polanyi's Paradox and the Shape of Employment Growth," NBER Working Paper No. 20485, 2014.
https://www.nber.org/system/files/working_papers/w20485/w20485.pdf
12) David H. Autor, "Why Are There Still So Many Jobs? The History and Future of Workplace Automation," *Journal of Economic Perspectives*, Vol. 29, Num. 3, 2015, pp.3-30.
13) H. Holzer, "Job Market Polarization and U. S. Worker Skills: A Tale of Two Middles," *Economic Studies at Brookings Institution*, April 2015, p.3.
14) 一般に「高スキル」は管理職や専門職を、「中スキル」は事務補助職などを、「低スキル」は販売や単純作業の職種を指す。

15）ケヴィン・ケリー著／服部桂訳『〈インターネット〉の次に来るもの――未来を決める12の法則』NHK出版、2016年、p.58。

16）Emergen Research in PRTIMES「2028年に8,289億5,000万米ドルに達する世界のメタバース市場規模」2021年11月10日。
https://prtimes.jp/main/html/rd/p/000000041.000082259.html

17）英国のコンピューター科学者ギャビン・ウッド（1980-）が提唱。ウッドはイーサリアム（Ethereum）の共同創設者で、Web 3基盤のPolkadotとKusamaの創設者である。Gavin Wood, "Why We Need Web 3.0, Ethereum co-founder Gavin Wood on why today's internet is broken — and how we can do better next time around," *Medium*, Sep. 13 2018. https://gavofyork.medium.com/why-we-need-web-3-0-5da4f2bf95ab

18）Gavin Wood, ibid.

19）文部科学省「令和3年版 科学技術・イノベーション白書　Society 5.0の実現に向けて」
https://www.mext.go.jp/b_menu/hakusho/html/hpaa202101/1421221_00023.html

20）内閣府「ムーンショット目標1 2050年までに、人が身体、脳、空間、時間の制約から解放された社会を実現」
https://www8.cao.go.jp/cstp/moonshot/sub1.html

21）長尾眞「心の時代」京都大学学術情報リポジトリ、2018年4月22日。
http://hdl.handle.net/2433/264263

終　章

1）吉川弘之「コレクションとアブダクション――学問の作り方とその責任」小林康夫・船曳建夫編『知のモラル』東京大学出版会、1996年、p.214。

2）プラトン『国家』上、岩波文庫、1979年、p.357。

3）ロジャー・ペンローズ著／林一訳『心の影――意味をめぐる未知の科学を探る』2（新装版）、みすず書房、2016年、p.225。

索引（事項、人名）

■事項

■人名

松下　大輔（まつした　だいすけ）

1974年東京都生まれ。Office for Metropolitan Architecture Asia（香港）、京都大学大学院工学研究科建築学専攻講師、岡山理科大学工学部建築学科准教授を経て現在、大阪公立大学生活科学研究科居住環境学分野居住空間設計学教授。京都大学博士（工学）。

主な著書に『建築のインテリアの本』（電気書院、2020年、2020年度大阪市立大学教育後援会優秀テキスト賞）、『知的創造とワークプレイス』（武田ランダムハウスジャパン、2010年、共著）、『都市・建築の感性デザイン工学』（朝倉書店、2008年、共著）など

デザインは間違う
――デザイン方法論の実践知
学術選書 110

2023年5月20日　初版第1刷発行

著　　者…………松下　大輔
発 行 人…………足立　芳宏
発 行 所…………京都大学学術出版会
京都市左京区吉田近衛町 69
京都大学吉田南構内（〒 606-8315）
電話（075）761-6182
FAX（075）761-6190
振替 01000-8-64677
URL http://www.kyoto-up.or.jp

印刷・製本…………㈱太洋社

装　　幀…………鷺草デザイン事務所

ISBN 978-4-8140-0467-6
定価はカバーに表示してあります

学術選書［既刊一覧］